U0155896

猜猜动物能有多聪明？

LE GRAND LIVRE DE
L'INTELLIGENCE
ANIMALE

拉鲁斯
动物智慧百科

[法] 杰西卡·塞拉 著　　　　汪睿智 译

河北科学技术出版社

为了让我们的探索之旅
更顺畅地开始……

我们应该如何划分动物种类呢?

脊椎动物

温血动物   冷血动物

哺乳动物	鸟类	鱼类	爬行动物	两栖动物
大象	鸵鸟	鲑鱼	乌龟	青蛙
老虎	孔雀	金鱼	鳄鱼	蟾蜍
鲸鱼	鸽子	斗鱼	蛇	蝾螈

地球上生活着数百万种动物。据估计，我们只知道其中10%的物种。为了便于了解动物的世界，我们将它们分为两大类：脊椎动物和无脊椎动物。脊椎动物体内有脊椎骨，而无脊椎动物则没有。

关于脊椎动物，我们发现：

温血动物（又被称为恒温动物）体内的温度是保持相对恒定的：温血动物主要是鸟类和哺乳动物，它们的体温接近36~37℃。鸟类的身体长满了羽毛，有喙，但没有牙齿！鸟类繁殖的方式是卵生。哺乳类动物的身体被毛发覆盖，它们的幼崽会在其肚子里长大，出生后通过乳房给幼崽喂送乳汁。

冷血动物（又被称为变温动物）没有能够调节温度的内部机制。冷血动物主要是爬行动物、两栖动物和鱼类。事实上，它们并不是真的"冷血"，而是需要依靠太阳能来温暖身体。因此，在阳光下，蜥蜴的体温可以达到45℃！

无脊椎动物

有关节足的无脊椎动物 　　　　　　　没有足的无脊椎动物

有三对足的无脊椎动物	有超过三对足的无脊椎动物	软体动物
蚂蚁	蝎子	牡蛎
蟑螂	蜘蛛	章鱼
瓢虫	千足虫	蛞蝓

关于无脊椎动物，我们发现：

- 很多昆虫有6条腿和2只触角
- 蛛形纲动物（包括蜘蛛和蝎子）有8条腿
- 多足动物有很多条腿（例如千足虫）
- 甲壳类动物有4只触角并且（大部分）是水生的
- 软体动物的身体是柔软的

目录

动物如何感知这个世界？

动物的智力

动物如何感知
这个世界？

所有动物都有感官：视觉、听觉、嗅觉、触觉和味觉。不同动物物种的感官发育程度并不相同，这使得它们会以截然不同的方式看待世界。因此，一只蜜蜂、一只鸟、一只狗都生活在其独有的感官世界中。

视觉

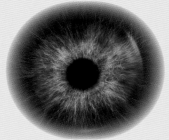

大多数动物都有两只或两只以上的眼睛，眼睛帮助它们构建出与其生存环境相适应的图像世界。这些动物中，有的视力不太好，而有的却比我们人类视力好！

眼睛是如何工作的？

当光线到达眼睛层面时，会穿过一个叫"晶状体"的透明器官，晶状体起到透镜的作用，可以把光线集中到位于眼睛后面的膜上，这个膜被称为视网膜。和照相机的运作原理一样，视网膜就如同胶片，光线会被"打印"在上面。视网膜里有专门负责形状和颜色的视锥细胞，以及能检测光的视杆细胞。信息一被捕获到，就会以电信号的形式传输到大脑，大脑就会构建出这个世界的图像，基本与现实世界一致。

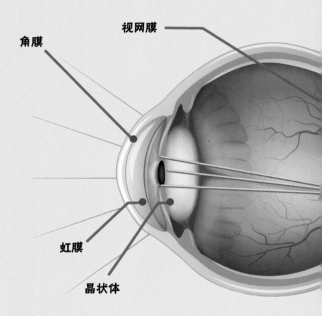

角膜

视网膜

虹膜

晶状体

一个人在白天和黑夜看到的风景如上图所示

一只猫在白天和黑夜看到的风景如上图所示

猫的能力

猫识别颜色的能力不如我们人类，它们能分辨蓝色和黄色，但很难分辨绿色和红色！它们看到的世界的颜色比较浅、比较模糊。猫侧面的视野比我们人类更开阔，能看得更深、更远。另外，在侦查远处动作这个方面，猫特别有天赋。猫还有夜视能力，这是我们人类无法做到的！

鸟类，3D专家

鸟类有自己看世界的方式，这与它们生活的环境相适应。与我们人类不同，鸟类的眼睛对紫外线很敏感。所以，它们看到的叶子的上表面和下表面之间有明显的反差。在树叶丛中，它们相比人类会有更好的视角：从某种程度上来说，它们在三个维度（3D）上都能看得更清楚！因此，它们在树叶丛中更容易辨识方向。

这是人类看到的树叶

同样的树叶，这是鸟类看到的，它们可以看到紫外线

蜜蜂，更敏感

我们人类能很清楚地看到形状，但蜜蜂不一样，它们对光线的运动和变化更加敏感。它们能看到绿色、蓝色，但看不到红色。而且，它们能感知到一种我们人类的眼睛看不见的光：紫外线！

真不可思议

很少有动物是完全失明的，只有少数生活在极端条件（地下洞穴或海底）的昆虫、虾、蝾螈和鱼类，是完全没有视觉的。有一些动物压根儿就没有眼睛，例如蚯蚓，它们生活在地下，所以不需要视觉。由于太阳对蚯蚓来说很危险，因此它们的皮肤上长有光传感器，一旦暴露在阳光下，光传感器就会让它们将自己迅速掩埋到土里！

你知道吗？

与许多其他灵长类动物一样，人类能够看到一个高清多彩的世界！但与某些捕食动物相比，人类对于运动的物体就没那么敏感了，侧面的视力也比较差。

3

昆虫的眼睛

昆虫的眼睛是由多个小面组成的，称为小眼（小眼就像透镜，可以将光线聚焦到传感器上）。它们的头顶上还有一只或多只原始眼睛，即单眼。单眼由一个角膜和一层接收光线的细胞层组成，单眼让昆虫只能看到一个模糊的世界，但足以让它感受到身边快速移动的物体。单眼还在探测光线的偏振或昼夜循环方面发挥作用。

那么蜘蛛的眼睛呢？

蜘蛛不是昆虫！所以它们非常特殊。大多数蜘蛛有8只简单的眼睛，与昆虫的眼睛不同，蜘蛛的眼睛没有小面。而且每双眼睛都有其特殊的功能！

例如，跳蛛位于正面的第一对眼睛能看到丰富的色彩，让它们看到人类无法感知的紫外线……长在侧面的第二对眼睛看东西不够精确，但给了蜘蛛更广的视野。

大多数蜘蛛有8只眼睛

看得见其他事物，而自己能不被看见

青蛙的眼睛长在头顶上，当它们在水中时，头顶上的眼睛仍然能看到东西，而它们自己却不会被看到。

螳螂虾的大眼睛

螳螂虾头上长了两只大眼睛，而且每只眼睛都可以独立活动。它们的眼睛里有数百万个对光线敏感的细胞，即使在紫外线下，也能分辨出颜色。

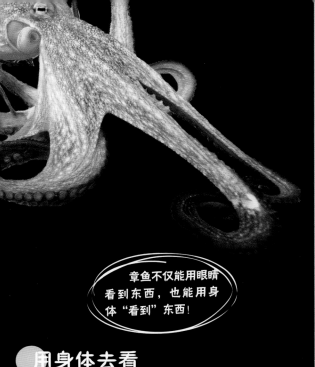

蜗牛的眼睛就是触角末端的两个黑点

眼睛的故事

蜗牛的眼睛就长在两条触角的末端，而且触角可以自行闭合（据说还可以收缩）。蜗牛看到的周围事物都是非常模糊的，但它们可以分辨光线的强弱。

章鱼不仅能用眼睛看到东西，也能用身体"看到"东西！

用身体去看

章鱼的眼睛无法看到各种各样的颜色，但人们发现章鱼实际上不需要通过颜色来判别环境的变化！章鱼主要通过皮肤对光线做出反应，并将信号发送给色素细胞，而且这些细胞能让章鱼改变自己的颜色，融入周围环境，并伪装自己。

真不可思议

蜻蜓是视觉方面的冠军。和鹰一样，蜻蜓是一种捕食动物，它们能够准确测量出自己与猎物之间的距离。蜻蜓通过三维立体的眼睛来看世界。它们的眼睛里有12000到17000个小面，小面可以将信息传输到大脑，然后由大脑构建出周围世界的图像。它们的头顶上还有一只单眼。

蜻蜓拥有三维立体的眼睛。

你知道吗？

蜜蜂可以利用眼睛里许许多多的小面来识别花朵的颜色和形状，从而辨别花朵。当然也可以利用小面在空间里识别方向。

蛇的非凡器官

与人类相比，蛇的视力不佳。但有些动物，例如巨蟒、响尾蛇和蟒蛇，它们的身体上都有可以探测猎物体温的器官，这是十分强大的武器，尤其是在夜里。蛇有热视觉，这得益于它们长在头部的热敏颊窝。

有些蛇的身体上有红外线视觉器官，因此可以精确定位猎物（猎物一般是鸟类）

鸟类，视觉冠军

从眼睛与身体的比例角度来说，鸟类的眼睛比其他任何脊椎动物都大。它们的视网膜底部有大量的敏感细胞，这让它们成了视力方面的冠军！猛禽类拥有敏锐的视力：即使猎物位于数百米之外，猛禽也能够精准地定位猎物在地面上的位置。

猞猁的眼睛

在哺乳动物中，狼或猫等捕食动物的两只大眼睛一般位于前脸，这让它们能在远处瞄准猎物。它们还长有杏仁状的垂直瞳孔，有助于增加视觉深度。猫在夜间捕猎时，可以放大瞳孔，去捕捉最轻微的光线。因此，它们能在黑暗中看到人类无法看到的东西。

捕食动物：眼睛长在头的前方

当素食性动物睁开眼睛

像羊或马这样的素食性动物必须时刻保持警惕。通常，它们的眼睛都长在头的两侧，以便观察捕食者的到来。与捕食动物不同，素食性动物的瞳孔在水平方向上更长，如果某些物种需要在夜间看得更清楚一些，还可以将瞳孔放大。

素食性动物：眼睛长在两侧

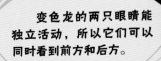

变色龙的两只眼睛能独立活动，所以它们可以同时看到前方和后方。

鼹鼠，几乎是失明的

鼹鼠生活在黑暗的地下，两只小小的眼睛隐藏在皮毛之下。它几乎是失明的，但仍然能察觉到白天和黑夜的光线变化。

鸭嘴兽，不寻常的哺乳动物

鸭嘴兽是一种哺乳动物，却是卵生动物，而且脚上有蹼，此外它们还有一个特点：会吸收紫外线后发出荧光，因此能在黑暗中发光。这种荧光能让鸭嘴兽在夜间更清楚地看到其他同类，并与其进行互动。如果捕食者对某个范围内的紫外线很敏感，鸭嘴兽还能更轻易地避开它们。目前仅发现一些飞鼠和负鼠类动物有生物荧光。

眼皮的由来

陆生动物都有眼皮，生活在水中的鱼类没有眼皮。眼皮在4亿年前出现，作用是在眼球上散布泪液，从而保持眼睛湿润，还可以保护眼睛免受干燥和细小颗粒的侵害。

鹦鹉的眼皮

马的眼皮

鱼没有眼皮

真不可思议

变色龙的眼睛非常令人着迷，可以同时看到自己前面和后面的事物！它们的每只眼睛都可以单独活动（而且每只眼睛都可以旋转180度）。变色龙还可以把眼睛当作放大镜，来观察周围兜兜转转的小猎物，并伺机抓住它们。

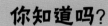

你知道吗？

一直以来，人们都认为蛇能用自己的目光麻痹猎物，但事实并不是这样的。蛇的目光其实一动也不动，因为它们没有眼皮。

听觉

　　许多动物都是通过发出声音来交流的。一些动物会汪汪地叫，而另一些动物会喵喵地叫、呼呼地叫、哄哄地叫、哞哞地叫……就像人类说话一样。幸好动物有耳朵，才能让它们感知到所有这些声音。

耳朵是如何工作的？

　　声音是一种振动，可以在空气或水中产生。听觉，就是感知这些振动。当声音被耳郭（耳朵的外部区域）接收时，会以振动的形式通过耳道被传送到鼓膜，再传送到中耳，并在那里被放大。最后，声音到达内耳，在那里，振动将被转化为大脑可以接收到的电信号。

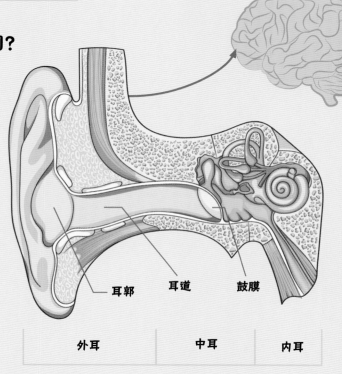

耳郭　　耳道　　鼓膜

| 外耳 | 中耳 | 内耳 |

昆虫：振动的宇宙

　　说到昆虫的听觉，其实有些昆虫没有耳朵，也听不见。蜜蜂就是这种情况，它们无法感知声音，但它们会用前腿和触角获取振动和窸窸窣窣的声音。蜜蜂拥有"振动感"：它们通过发出和接收振动来进行交流。

蝉的听觉器官长在腹部。

鱼类的听觉

不属于哺乳动物的脊椎动物也是有耳朵的，但它们没有耳郭。因此，鱼类只有内耳。它们听得到属于自己群族的动物发出的声音，以及其他水生动物的声音。鱼类的听觉系统不如我们人类发达，主要是由于声音在水中比在空气中更容易传播。声音的振动可以直接从它们的头骨传递到隐藏在头部的内耳中。

鳃盖骨

鳃

蛇类是不是聋子？

蛇类有基本的听觉系统，但没有鼓膜。蛇类的听力都非常差，但并非完全听不见！它们借助下巴收集来自地面的振动，将其传输到内耳中。皇蟒能探测到空气中的振动，可以通过颅腔的振动来感知空气中的振动，方法跟它们感受地面的振动是一样的。

所有的动物都有耳朵吗？

并不是！蜘蛛就没有耳朵：蜘蛛借助毛发和琴形缝感觉器来探测周围的振动。这些小裂缝看起来像裂纹。它们存在于蜘蛛的腿部和身体上，使其能够感知微小的振动和几米以外的声音。

真不可思议

在昆虫纲分类下的30种目中，只有9种能够感知到声音。属于这9种目的昆虫的"耳朵"位于身体的不同部位，且都由鼓膜构成。蚂蚱的"耳朵"长在前腿上，蚊子的"耳朵"长在触角上，蝉的"耳朵"长在腹部（昆虫的腹部就是它们的肚子）！

你知道吗？

我们经常会将"耳朵"和"耳郭"混为一谈。其实，耳郭指的只是耳朵外面的那一部分，而且只有哺乳动物的耳朵上才有耳郭，当然也有少数例外。

脸上覆盖了羽毛的鸟类的耳朵是
看不见的

白头秃鹫的耳朵清晰可见（就是简单
的小洞），它的脸上没有羽毛

只有猫头鹰和一些
猛禽长了耳郭，就像哺
乳动物那样。

鸟类的耳朵

除了少数猛禽以外，鸟类同样不需
要耳郭就能听到声音。它们的听觉系统
由两个小孔组成，分别位于脸部的两侧，
并隐藏在眼睛后面的羽毛中。声音从这两个
小孔传入，一直传导到内耳。这样鸟儿就
能听见声音了，而且还能够识别出间隔
短至千分之二秒的声音，这比人类的听
觉强十倍！鸟类对高音调的声音很敏
感，尤其是超声波。

蛙类的鼓膜

两栖动物没有外耳：它们的鼓膜（紧绷的、能接收振动的皮肤部分）位于眼睛的后面。鼓膜的振动带动小骨头振动，这种小骨头就是长在颅骨里面的听小骨。振动被传送到内耳，由内耳向大脑发送电信号。有些两栖动物的听力比其他同类好一些。例如，蟾蜍的听力就比青蛙好。

无与伦比的猎手

大灰猫头鹰的听力极其灵敏，甚至能够精准地在积雪深厚的夜间捕食猎物！它们的耳朵由两个极小的孔组成，隐藏在两圈羽毛的下面。其中一个孔的位置比另一个高，这样可以使得声音以不同的角度分别进入两只耳朵。因此，这种动物非常容易定位微小的声音，比如某个小型啮齿动物的心跳声！

哺乳动物的种类多，
耳朵种类也多

属于不同物种的哺乳动物的耳郭也非常不同。例如，猫或狐狸的耳郭可以转向声音传来的方向。老鼠的耳朵相对于其身体来说是很大的，听到的声音频率也比人类高：它们能听见超声波。

真不可思议

得益于强大的内耳，鳄鱼的听力高度发达。在潜水的时候，瓣膜会关闭起来，覆盖在鼓膜上，保护鼓膜。当鳄鱼宝宝快要孵出时，鳄鱼妈妈能够听到卵中的声音，及时赶回来帮助和照顾它的幼崽。

你知道吗？

最新的发现显示，脊椎动物的内耳骨骼实际上来自下颌骨。

11

听觉范围

    动物能够听到的声音范围称为听觉范围。人类远不是听力最好的！有些动物，例如狗和猫，能够听到超声波（高音）。其他动物，如鼹鼠或大象，可以感知次声波（低声）。而海龟只能听到低音调的声音，但它们的听觉似乎会随着温度的升高而有所提升。对于大象来说，它们能够通过振动发出次声波，这种声音有助于群体成员之间相互定位，从而找到彼此。

与其他物种相比，人类的听觉范围并不太广。

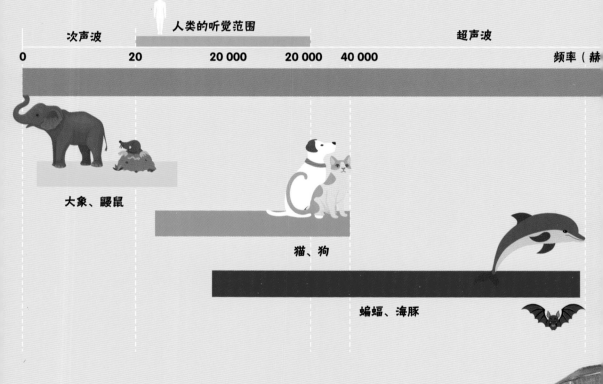

| 次声波 | 人类的听觉范围 | | 超声波 |

| 0 | 20 | 20 000 | 20 000 | 40 000 | 频率（赫 |

大象、鼹鼠

猫、狗

蝙蝠、海豚

蝙蝠的回声定位

    蝙蝠通过鼻子或嘴巴发射出超声波，并接收超声波的回声。正是凭借这种"声学视觉"（也被称为回声定位），蝙蝠可以精准定位猎物或其他的蝙蝠。

海豚轻微的咔嗒声

海豚同样会利用回声定位来追踪自己的猎物。它们会向自己身前发出微小的咔嗒声，猎物会将咔嗒声反射回来，反射的回声传回给海豚，并通过大脑去处理。周围环境中的其他组成部分也会将海豚和蝙蝠发出的超声波反射回来，海豚和蝙蝠就是利用这个回声来构建周围世界的图像的。它们不必使用眼睛，而是使用声呐，就像潜水艇一样。

蝙蝠和海豚的回声定位功能

蝙蝠的"雷达"

因为拥有一双大耳朵，蝙蝠能够感知到超声波，而人类却听不到。蝙蝠配备了真正的"雷达"，即便成百上千只蝙蝠同时在黑暗的洞穴中飞行，也不会发生任何碰撞。

真不可思议

非洲象的耳朵非常大，巨大的耳朵不仅能让它们听到不同类型的声音，最重要的是，天太热的时候，大耳朵能给它们的身体降温。大象耳朵上的血管非常细，血液在耳朵上循环，并在与空气接触后冷却，有助于抵御高温。当大象扇动耳朵时，效果更明显。

你知道吗？

人类无法听到次声波或超声波。

13

嗅觉

哺乳动物的进化以嗅觉的发展为标志。一些科学家认为，嗅觉感官的发展对于增加大脑的复杂性、提升智力都具有决定性作用。

嗅觉是如何工作的？

气味是一组分子的集合，一旦被动物感知到，这些分子就会被转化为电信号，传送到大脑中，大脑随即对其进行分析并获取准确的信息，例如气味来自食物还是花朵。气味传到细小的鼻毛上，被鼻毛捕获，并触发嗅觉神经元（上皮神经细胞）的反应。这个反应被传递到大脑中，大脑就能够分析这个过程，并让你"闻"到这种气味。

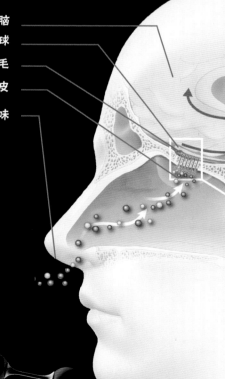

大脑
嗅球
鼻毛
嗅上皮
气味

所有的动物都有鼻子吗？

昆虫就没有鼻子。但它们还是能闻到气味，这通常就要归功于它们的触角了！昆虫的触角覆盖着感觉器官，可以检测到气味，并将其转化为电信号。电信号被传送到大脑，大脑就可以分析气味分子了。

昆虫通过散发气味来吸引性伴侣、警示同类或阻止天敌进攻。其散发出的大多数气味都是人类闻不到的。

蚂蚁，发达的嗅觉神经系统

在蚂蚁这个群体中，气味在识别个体方面起着至关重要的作用。蚂蚁会使用它们的触角进行接触。当两只蚂蚁相遇时，如果其中一只蚂蚁察觉到另一只蚂蚁带有外来蚁群的气味，就可能会攻击它。蚂蚁的嗅觉受体是其他昆虫的4到5倍，因此嗅觉非常灵敏。

蛇的舌头

与昆虫不同，蛇是有鼻孔的，鼻孔与大脑相连，却并不用于检测气味。蛇颚上有一个非常特殊的器官：雅克布逊器官，可以解码舌头捕捉到的空气中的气味分子。所以，蛇感知气味的方式就是：不断地吐舌头！

真不可思议

蝴蝶的嗅觉是极好的，尤其是夜蛾，它们可以检测到数百米以外的雌性所散发的信息素（引发同一物种的个体做出特定行为的气味）！

雄性家蚕蛾的触角呈现梳子状，上面覆盖着感觉器官，这让它们从很远的地方就能找到雌性

蚂蚁的触角上覆盖着感觉器官，这让它们能"闻"到气味。

你知道吗?

蜜蜂能够识别并记住花的气味，这要归功于它们被感觉器官所覆盖的触角。

鱼类的鼻孔

鱼类的鼻孔长在脸上，能够让水从其中流过。这样一来，感觉鳃瓣就能捕获溶解的物质：鱼类通过检测气味来寻找食物，同样也可以寻找爱侣、寻找住所或逃离捕食者。例如，鲨鱼（也属于鱼类）在百米外就能闻到血腥味！

蛙类的嗅觉很弱

蛙类的嗅觉功能不灵敏。它们的鼻孔直接开在上颚的内部。

鳄鱼：令人生畏的天赋

无论是长吻鳄还是短吻鳄，都有着非常发达的嗅觉，再加上它们优越的听觉，能让鳄鱼妈妈辨认出自己的幼崽，幼崽也能辨认出妈妈。几百米开外，它们就能闻到血的味道！

鸟类，恐龙的后代

许多科学家都认为，鸟类是恐龙的后代，它们的嗅觉遗传自恐龙。通过分析鸟类颅骨的形状和体积，研究人员发现，恐龙的嗅觉功能差异很大，一般是根据它们所属的物种而有所不同。比如，霸王龙有一个巨大的嗅球（大脑中处理气味的区域），因此它们的嗅觉很灵敏，这有助于它们追踪猎物！

物种间的差异

一般来说，食肉恐龙的嗅觉要比食草恐龙好得多。在研究恐龙的后代——鸟类时，人们发现物种之间的差异是非常巨大的。鹦鹉的嗅觉系统发育欠佳：在大脑进化的过程中，鹦鹉应该优先发育了平衡感和视觉。

人类对其他生灵的影响

人类活动会导致大气中二氧化碳的含量升高，但影响还不止于此。人类活动还会增加海洋中的二氧化碳含量，从而干扰鱼类的嗅觉。科学家们认为，要是我们人类不尽快减少对环境的影响，后果可能会很严重：一些鱼类或许不会再对捕食它们的动物的气味做出反应……

真不可思议

马塞尔·普鲁斯特在他的《追忆似水年华》中描写了玛德琳蛋糕，一闻到蛋糕的气味就让他回忆起童年。同样，鲑鱼也能记得它们出生地的河流的气味。一旦发育到可以繁殖的年纪，它们就会利用这种嗅觉记忆回到它们的出生地，交配繁殖……直到死去。

诱人的气味

信天翁和一些秃鹰都有着敏锐的嗅觉，它们利用这个优势来寻找食物或长途飞行。比方说，由于浮游生物分解时会散发出气味，信天翁就能在茫茫大海上找到以磷虾或鱼类为食的鱼群。

你知道吗？

有一种生活在新西兰的几维鸟，它们的嗅觉也非常发达：它们可以通过气味找出藏在地下的蚯蚓！

狗的无与伦比的天赋

　　狗是由野狼驯化而来的，有着极为发达的嗅觉。狗的鼻子通常是不长毛的，能呼吸和感知气味。构成嗅觉上皮的一层细胞覆盖了狗鼻子的两个鼻腔。这些细胞与大脑相连，可以识别气味。狗的鼻子就像导航一样，可以通过嗅探气味来追寻踪迹，同时也能识别其他同类留下的气味标记，这些气味标记有点像我们人类给别人发名片。狗通过这些气味来判别个体身份，确定气味所属的群体。例如，这只狗是雄性还是雌性，是它已经认识的还是从未见过的。

水生哺乳动物的案例

　　在进化的过程中，一些哺乳动物回到水中生活：特别是鲸类和海牛。与陆生哺乳动物不同，水生哺乳动物的嗅觉能力非常弱，因为它们在世代进化的过程中失去了这方面的能力。

海牛等水生哺乳动物的嗅觉能力很差

两栖哺乳动物的案例

这种嗅觉能力的下降还出现在许多两栖哺乳动物（能生活在空气中或水中）身上，例如海狸和水鼩鼱，它们的嗅觉能力非常有限。

人类的嗅觉

在哺乳动物中，人类绝不是嗅觉方面的冠军，嗅觉能力远落后于狗。但人类仍然对成千上万种气味敏感，这不仅仅在人们对于食物的偏好中发挥作用，在对爱情的选择中也发挥作用！

啮齿动物的嗅觉非常有用

大量的哺乳动物生活在一个充满气味的世界里。例如，对于啮齿动物而言，嗅觉功能会参与并帮助它们识别同类、寻找食物、评估食物、标记领地（对领地进行标记是为了警告经过这里的同类）和繁殖。

真不可思议

熊的嗅觉极其灵敏。它是唯一一种嗅觉比狗更强大的陆生哺乳动物。黑熊能在几千米以外发现食物。

你知道吗？

犬类的嗅觉相当发达，以至于可以通过训练一些犬类来检测某些疾病，例如癌症、糖尿病等。

触觉

许多动物都会使用触觉信号。喙、口鼻、角或腿都可以为它们充当信使。例如，狼通过舔舐狼首领的口鼻来表示完全臣服，蜘蛛通过振动蜘蛛网来相互交流。

摸一摸毛发

在昆虫和一些节肢动物的世界中，感觉器官确保了它们的触觉敏感性。感觉器官是一组分布在它们表皮的、可以收集感觉的器官，在某种程度上也算是智能毛发，实际上也是角质层（昆虫的"皮肤"）的凸起。感觉器官提供有关味觉、嗅觉或触觉的信息。例如，苍蝇的一部分感觉器官可以探测到空气中的动作，而其他感觉器官则专门负责触觉。

感觉器官帮助探测空气中的动作

简单的触觉感觉器官

鱼类的侧线

大多数鱼类的身体两侧都各有一条侧线。侧线是指一系列充满水的小通道，它们与感觉细胞相连，侧线上的纤毛可以检测到水的细微波动。侧线能帮助鱼类辨认方向和寻找同类，也能更好地进行群体移动，并及时发现猎物或捕食者。

侧线

梭鱼的芭蕾

梭鱼成群结队地游动，这种移动方式令人惊叹不已，仿佛有人指挥着它们的动作一样！实际上，这些梭鱼之所以能在鱼群中保持自己的位置，要归功于它们的触觉，特别是它们的侧线（对水流运动的瞬时变化特别敏感），侧线能保证它们参照其他鱼的位置去移动。其实，我们能够观察到的动物的复杂行为，都基于其个体层面的简单互动。

海星

海星利用自己的吸盘臂四处移动、抓取猎物。它们有许多感觉器官，可以帮助自己知晓所在的位置和周围环境的特征。

真不可思议

有些鱼类的嘴巴周围还长有触须，例如鲇鱼（别名也叫"胡子鱼"），这让人联想到猫的胡须，鲇鱼因此在法语中被称为"猫须鱼"！触须帮助它们通过触觉来辨识方向，因为多数鲇鱼生活在浑浊的水域或泥泞中，在那里，它们的视觉几乎没有用。

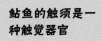

鲇鱼的触须是一种触觉器官

鱼类的侧线能让它们察觉到水流的运动和压力的变化。

你知道吗？

蜜蜂具有发达的触觉能力：它们能够识别所接触到的物体的形状。

章鱼的触手

章鱼的触手是大自然最伟大的发明之一。章鱼触手上的吸盘配有不同的感受器，它们不仅可以"触摸"，还可以"品尝"。通过这种方式，章鱼创建了基于周围环境的触觉和味觉心理地图（它们对环境所做的心理表征）。

鳄鱼的口鼻处是极其敏感的。

敏感的口鼻

无论是长吻鳄还是短吻鳄，它们的口鼻、头部和身体上都可以看到黑色的圆点；这些都是与触觉有关的非常敏感的器官，这些器官也让鳄鱼这种爬行动物能感知水中猎物的运动。

正因为章鱼有触手，它们才能尝到食物的味道……或者说，触摸食物的味道！

给人类打个样

猫的胡须是一种非常智能的传感器，科学家们从中汲取灵感，创造出了装配在机器人身上的电子胡须，从而让机器人能够更好地辨识方向。

毛发的作用

对于哺乳动物来说，毛发在触觉敏感性方面起着非常重要的作用；对于某些哺乳动物来说，它们的胡须作用非常大。例如，大多数猫科动物会利用胡须来探测空气的变化，并在需要通过狭窄通道时去评估可用空间。它们的胡须与大脑相连，并能传输不同类型的信息，也能帮助它们定位猎物。

大象的鼻子也有同样的作用，那种未来能操纵各类物体的机器人的创意，就来源于大象的鼻子。机器人能快速地适应各类意想不到的情况，并执行多种任务，还拥有发达的触觉灵敏度。

胡须和掌垫

为了收集有关周围环境和空间位置的信息，一些哺乳动物（例如狗和猫）的毛发要比其他哺乳动物的更长更厚——它们有触须，这些触须通常长在它们的脸颊和眼皮上，也长在前腿上。为了更好地移动，它们还会好好利用脚垫中的感受器。

你知道吗？

有一门学科叫作仿生学，是指从动物或其他生命体中汲取灵感并创造出智能机器。

鸟类的触觉

鸟类也有发达的触觉。通常，它们的喙上长有机械感受器（对形变敏感的神经元），在它们品尝食物之前可以接触到食物。鸟类在进行孵化的时候，与鸟蛋接触的皮肤区域没有长羽毛，这就是育雏区。与鸟蛋接触后产生的触觉会激发一种荷尔蒙的分泌，这种荷尔蒙叫催乳素，可以刺激鸟类孵化它们的后代。

机械感受器是对压、拉、触等产生的机械形变很敏感的感觉神经元。

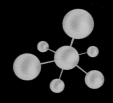

星鼻鼹的触手鼻子

在鼹鼠家族中，星鼻鼹的鼻子长得仿佛科幻电影里才有的生物的鼻子。它们的鼻子上长着触手，是星星的形状。这些触手上有大量的机械感受器，这使它们能够非常灵敏地感知地下环境并寻找食物。

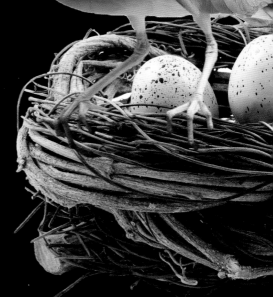

星鼻鼹的鼻子上长着触手

灵长类动物，也是触觉动物

在灵长类动物中，触觉敏感性对于种群成员之间的关系起着至关重要的作用。触觉敏感部位主要位于手指、手掌和脚底板。大多数灵长类动物都是触觉灵敏的动物。例如，它们会通过相互触摸或梳理毛发来不断刺激触觉。

某些海豚，还有些其他物种（比如蝾螈），具有检测电信号的能力，这主要是因为它们长有现在的大多数脊椎动物身上都已经消失的器官。

蝾螈能检测到电信号

第六感

5亿年前，现代脊椎动物的祖先们还拥有第六感：它们能够探测到微弱的自然电场，这能帮助它们更好地追踪猎物。我们称之为：电感应。如今，只有个别物种继承了这种能力。圭亚那海豚的嘴上有一些叫作"触毛隐窝"的小结构，里面充满了一种黏液，能检测到它们要猎食的小鱼所发出的电流。

真不可思议

通过摆动自己的喙，鸭嘴兽也能接收到周围环境中的电信号，从而自制出猎物的心理地图。鳐鱼、鲨鱼、七鳃鳗和蝾螈也有这些电感应器。对于不同的物种，电感应器分布的位置也不同，要么全身都有，要么在头部。

你知道吗？

蜗牛通过脚和四根触须来触摸周围的事物。即便触碰到极小的障碍物，它们也会缩回触须。

味觉

动物的味觉系统发育得都不错。味觉主要可以帮助动物检测食物是否变质。

昆虫和味觉

与其他的动物一样，昆虫的味觉和嗅觉不是一回事儿。例如，蜜蜂能够感知到甜味、咸味、酸味、苦味，这要归功于它们的口器和前腿的最后一节：跗节。花蜜和花粉是蜜蜂的食物，如果一朵花是美味可口的，觅食的蜜蜂就会记住它的颜色、形状和纹路，以及它的气味和味道，以便以后还能认出这朵花来。同样，苍蝇也用它们的腿和口器来品尝食物。

先感受，后品尝

对于鲨鱼来说，首先，它们会通过嗅觉或猎物发出的振动来寻找猎物；其次，通过撕咬来攻击猎物。一旦尝过味道，猎物要么会被咬碎吃光，要么会被放生（如果猎物不合口味）。

味道是动物通过味觉获得的感觉。

神奇的鱼皮

鱼类的味蕾位于口腔中，但几乎都不在舌头上。在它们嘴的外面、鳃腔里、嘴唇上、头部都有味蕾，有的甚至全身都有。所以，有些鱼类感知味道的方式竟然是……通过皮肤！鲇鱼的触须上也有味觉感受器，事实证明，这样的设置非常有用，因为它们总生活在水道的底部。丝足鱼的味蕾则位于腹鳍（在肚子下面）处。

鲇鱼的触须是一种触觉器官，也是一种味觉器官

猫，高明的吃货

就味觉的天赋而言，猫其实比不上狗。猫只有约470个味蕾，而人类有约9000个。猫可以感知苦味、酸味、咸味和鲜味（类似于肉汤的味道），但不能感知甜味，这是它们在进化过程中失去的能力，其他猫科动物也一样！虽然它们不是味觉方面的冠军，但猫仍算得上是高明的吃货。它们常常要利用嗅觉来甄别食物。

一个不太有效的陷阱

蟑螂（学名也叫蜚蠊）通常会被甜味所吸引。发明蟑螂诱捕器的人知道了它们的这个特性，于是开发出用甜味来吸引蟑螂的毒饵。但一段时间后，蟑螂却对诱捕陷阱的甜味产生了反感，甚至还学会了避开陷阱！

真不可思议

果蝇是一种被科学家广泛研究的蝇，它们的食管中长有神经元，所以能够避开已经被有害细菌污染了的食物。

果蝇会挑选自己的食物，而且能避开被污染了的食物

你知道吗？

蛇几乎没有味觉。而鳄鱼呢？很可惜，我们对于鳄鱼感知味道的方式知之甚少。

哺乳动物的味觉

在哺乳动物中，味觉要靠舌头上不同形状的味觉乳头（参与味觉感知的小突起物）协助完成。有三种不同形状的味觉乳头，味蕾存在于味觉乳头之中，负责感知五种味道：甜味、咸味、苦味、酸味和鲜味。肉眼可见的味觉乳头只有两种：轮廓乳头，在舌头根部组成V字形；另一种是菌状乳头，分布在整个舌头的表面。此外，舌头的两侧还有叶状乳头。味觉乳头中的味蕾通过神经连接到大脑，并让大脑形成对所品尝食物风味的印象。

人的舌头

轮廓乳头

叶状乳头

菌状乳头

味道因个体而异。

就像写乐谱一样

哺乳动物是如何只用几千个味蕾就能感知无限的味道呢？每种食物都会激活一组味觉细胞。就像写乐谱一样，大脑用这种特殊的组合方式来准确感知味道，并形成印象。

高度发达的味觉

猪的味觉灵敏度很高！这种能力对于饮食结构多样化的动物来说是一个优势：猪可以快速挑选出正确的食物，并识别出错误的或危险的食物，从而小心避开。猪有将近20000个味觉乳头，而人类只有约9000个。

梳洗

猫的舌头很粗糙，因为它们的舌头上覆盖着由角蛋白（构成指甲的物质）组成的坚硬乳头。在猫用舌头梳洗毛发时，舌头能更容易抓住毛发。此外，这样的结构还有助于把猎物的骨头和肉分开。

真不可思议

从味觉的角度来看，狗的味觉不算发达：它的味蕾只有人类的六分之一。不过没关系，它的嗅觉与味觉关联紧密，狗通过气味获得的有关食物的信息要比嗅觉多得多。

你知道吗？

老鼠拥有人类舌头所没有的感受器，这可以让它们感知到我们人类无法分辨的味道。

29

鸟类的味觉

鸟类的味觉没有哺乳动物发达。另外，它们吃东西的时候不咀嚼就吞咽，这不利于口腔中感觉系统的发育！它们的味蕾位于舌头下方、上颚和喉咙后部，与哺乳动物相比，它们的味蕾数量非常少。母鸡只有约300个味蕾，与人类的约9000个相比，是少之又少。然而，鸟类与哺乳动物有着相同的味觉反应，都能感知到：咸味、甜味、酸味、苦味，可能还有鲜味。

鸟类的舌头上的味觉乳头比大多数哺乳动物都少很多。

有趣的舌头！

以花蜜为食的鸟类有一个管状的舌头，可以有效地吸取珍贵的液体花蜜。企鹅长有锯齿状的舌头，可以直接将鱼吞下去。啄木鸟的舌头很长，舌尖还有钩，很容易捕捉到昆虫。

两栖动物的厚舌头

蛙类以及其他两栖动物的器官都比鱼类进化得更好，而且它们有唾液腺，这使得食物中的化学分子得以溶解。它们的舌头很厚，有味蕾，还可以充当抓取器官（用来捕捉食物）。

哺乳动物和甜味

美国的研究人员表示，对甜味的味觉感知信息的存储与动物的饮食习惯有关！事实上，在整个进化的过程中，许多纯肉食性哺乳动物由于只吃肉而失去了对甜味的味觉感知。海狮和海豹尤是如此。相反，在以不同食物（包括甜味食物）为食的其他食肉动物中，甜味感受器似乎得到了保护。

变色龙可怕的舌头

变色龙的舌头末端有几个味觉乳头，它能将舌头推到很远的距离。变色龙舌头的末端有一个黏性的球状物，可以粘住猎物。在休息的时候，舌头会像手风琴一样围绕着尖骨折叠。在捕捉昆虫的时候，变色龙会放松舌头的肌肉，就像松开了发条的扳机一样。只需半秒，猎物就会被吞食！

变色龙展开像弹射器一样的舌头来捕捉猎物

你知道吗？

鲸类动物，例如大型海豚、虎鲸，对咸味的敏感度是人类的十倍！相反，它们对甜味的敏感度是人类的十分之一！

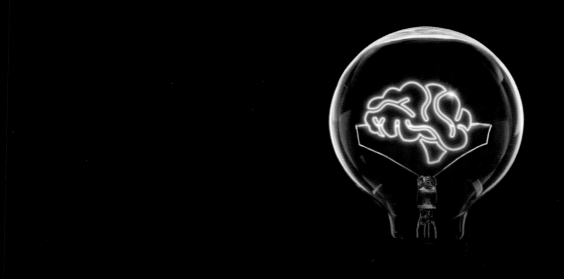

动物的
智力

长期以来，智力一直被认为是人类独有的。但最新的发现表明，动物也很有智慧：它们掌握不同形式的语言，会使用工具，会思考、推理……

动物聪明吗？

动物的智力水平很难相互比较，因为我们将动物的智力定义为其适应环境的方式。

> 每种动物都有自己的能力，这让它们得以在特定的环境中生存。

什么是大脑？

大脑是一种器官，出现于5亿年前，最初出现在生活在原始海洋中的动物身上，而原始海洋是生命的发源地。大脑最初发挥着控制塔台的作用，可以将命令传到身体或腿部，例如"左、右！左、右！"这样的命令，可以控制动物向前移动。然后，大脑开始让动物做决定，比如，为了避免在前方被卡住，决定绕过障碍物。接下来，大脑进化得越来越完整，开始能够从错误中学习，并做出情况预判。

大脑是如何工作的？

所有哺乳动物的大脑都是以同样的方式被创造出来的。它们由三部分组成：

"超级英雄"脑让人思考：这是大脑皮质。无论是什么动物，这部分占比都比较大。

"情绪"脑让人感受到快乐、爱、悲伤等情绪：这叫边缘系统，存在于所有哺乳动物的大脑中。

"爬行动物"脑，它非常古老，让人通过生存反射来做出迅速的反应（例如，面对危险时）。

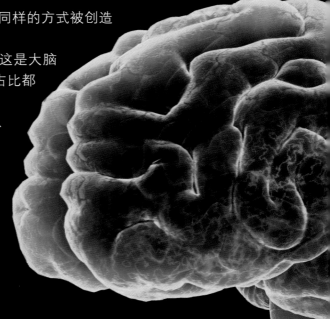

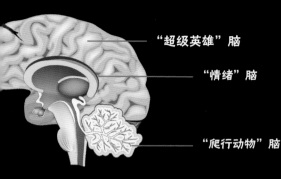

"超级英雄"脑

"情绪"脑

"爬行动物"脑

昆虫也有大脑

尽管昆虫的个头很小，但它们也有大脑！大脑位于它们的头部，我们人类的大脑比大多数昆虫大脑大20多万倍。但这并不妨碍它们以自己的方式拥有智慧。

真不可思议

在动物的一生中，它们将不断学习、在记忆里存储信息，这些信息能在大脑中建立联系。

● 哺乳动物的大脑

与我们人类的大脑一样，哺乳动物的大脑由两个对称的部分组成，即大脑半球。此外还有小脑，它的大小因动物而异。

大脑的这些部分又由被称为神经元的细胞集合组成，这些细胞通过相互传送信息来交流。

脑细胞，或者说神经元，会相互传送信息

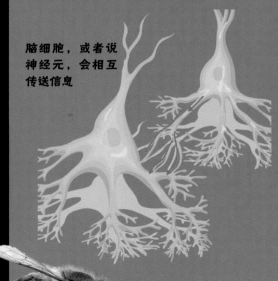

大脑的结构：

半球1

半球2

小脑

你知道吗?

在昆虫中，蜜蜂拥有发育得最好的大脑，因为它有近100万个神经元。

小鼠

猫

狗

猴子

智力不一定与大脑的大小成正比。

人类

大脑袋，大智慧?

每种动物都以自己的方式拥有智慧！我们常常认为，大脑越大，就越聪明。但是这个规律并不总是正确的，比如说鲸鱼或大象的大脑都比我们人类的大脑大得多，难不成它们还会比人类更聪明吗？科学家们比较过大脑，考虑的因素有大脑的大小、重量和排列方式，这很有趣，但这些因素都不能正确地比较智力水平。

脑成像：看看大脑如何工作

脑成像技术可以观察大脑的运作方式。这项技术可以定位出被激活的大脑区域，并了解这些区域是如何相互通信的。这项技术可以证明，哺乳动物大脑与人类大脑类似的区域具有相同类型的功能。

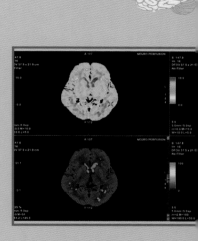

脑神经网络由神经元及神经元连接组成

困难的估算

　　用估算大脑细胞（神经元）的数量及其连接的数量的方法来衡量智力，比单纯测量大脑的大小更好，但智力常常运用不同的大脑通路，所以这个数量很难估算。

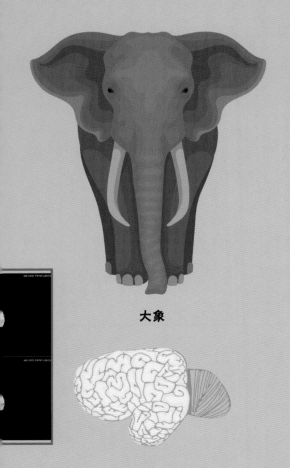
大象

再见，冒失鬼

　　长期以来，人们一直认为鸟类的大脑没有哺乳动物的大脑发育得完备，因此鸟类的智力相对较低。而事实上，鸟类的大脑构造要比人类的更紧凑，尤其是鸣禽类和鹦鹉类的大脑，神经元的密度非常高。因此，每一克大脑中，鸟类比哺乳动物具有更高的"认知能力"。

鸟　VS　哺乳动物

大脑的重量

神经元的密度和大小

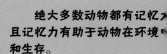

动物有记忆力吗？

记忆力是大脑储存过去经历的能力。有几种方法可以评估动物的记忆力。这里有几个例子！

迷宫测试

迷宫测试包括两个部分，将动物放入迷宫里和计算其到达奖励或出口所需的时间。老鼠被广泛用于此类测试，目的是测量它们的记忆力，并了解记忆力的运行原理。通过学习，动物所犯的错误越来越少。动物会学习掌握最短路线，并将其存储在记忆中！这个实验主要证明了动物有空间记忆能力：事实上，在动物不断地移动的过程中，它们会随之构建空间的心理表征，慢慢知晓自己在迷宫中的位置，并找到完成预期目标的路径。

绝大多数动物都有记忆力，且记忆力有助于动物在环境中和生存。

用气味测试记忆力

我们给动物闻第一种气味，例如香蕉的气味，同时给它一个它喜欢的奖励。之后，我们给它闻第二种气味，但这次没有奖励。这样，我们就能测试出小鼠记住与喜欢的奖励相关的气味需要多长时间！

屏幕上的测试

为了测试多个物种的记忆力，动物行为学家在触摸屏上给动物展示各种各样的图像，有人脸、物体或形状。猴子、狗、鸽子，甚至鱼都展现出了能够识别人脸的能力，此外，它们还知道如何记住人脸！

马的表现非常好

马可以用鼻子接触触摸屏，然后选择它们熟悉的人脸。每次测试中，屏幕上都会显示两张面孔，但只有一张是熟悉的人。这些练习马都做得非常好，并且在几个月之后，它们还记得这些男人和女人的脸！

海马体

哺乳动物的记忆是在大脑的一个区域内形成的，该区域以一种动物的名字命名，因为它们看起来非常像：海马！

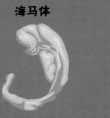
海马体

海马

大脑中储存记忆的区域形状很像海马

真不可思议

射水鱼能够记住人脸。它们的行为也证实了这一发现，它们能向屏幕喷一小口水来指出它们认识的人脸！

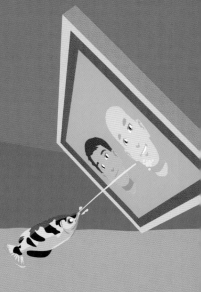

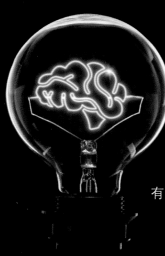

不同类型的记忆力

大多数动物能够记住刚刚发生过的事件（短时记忆），也能记住事件发生的背景（什么事？在哪里？什么时候？我们称之为情景记忆），以及很久以前发生的事件（长时记忆）。然而，它们并不知道如何给记忆加上日期。只有人类能够做到这一点，因为人类发明了日历！

大象出色的记忆力能让它们积累起大量的知识，它们还能将这些知识传递给自己的同类。

真正的全球定位系统（GPS）

在昆虫中，蜜蜂能非常准确地记住蜂巢的位置，还能记住它们觅过食的花朵的气味。为了给蜂巢中的蜜蜂指出食物的位置，已经觅过食的蜜蜂会编排一段"舞蹈"来传递信息，例如花朵有多远、在哪个方向，以便成功找到生产蜂蜜所需的花朵。

蜜蜂的舞蹈

如果舞蹈呈圆圈状，说明花蜜的源头就在附近，在方圆50米以内。如果舞蹈呈八字形，那就说明花在更远的地方。

觅过食的蜜蜂利用自己与太阳之间的相对位置，向蜂巢中的蜜蜂传递方向信息，相对快速地跳出"8"字舞，来告知需要飞行的距离。

 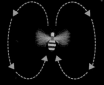

圆圈舞　　　　　　8字舞

大象的记忆力

所有的哺乳动物都能记住过去的事情。为了找回过冬前储存起来的榛子，松鼠们对榛子的藏身之处记得非常牢固。至于大象，它们的记忆力真的非常好！它们能准确地记住多年前去过的地方，这一点对它们的生存很重要，因为它们需要找到有食物和水的地方。大象能认出自己的同类，并保留这段记忆，甚至数年之后也不会忘记。这种记忆本身是集体维持的，在大象之间传递，从最年长的传递给最年轻的。

成见

不要再说什么金鱼的记忆力只有七秒了！金鱼其实也有很好的记忆力！它们能够记住几个月前遇到的其他鱼类：它们其实拥有长时记忆。让一条鱼单独在瓶子里生活是非常残忍的：鱼类很有好奇心，而且在大多数情况下，它们喜欢与其他同类一起生活。所以，一定要为它们提供满足需求的生存环境。

真不可思议

世界闻名的动物记忆力冠军是一只名叫"猎手"的边境牧羊犬，它能够记住1022种不同物体的名称，并能在主人说出物体名称时找出对应的东西！

你知道吗?

在鸟类、爬行动物和鱼类中，记忆由大脑的上半部区域来处理，我们称之为大脑皮质。

动物知道
自己的存在吗？

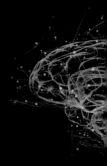

作为人类，我们知道自己的存在。所以我们认为自己有自我意识。为了了解动物是否有自我意识，一位动物行为学家发明了镜子测试。

美国的一项测试

1970年，美国动物行为学家戈登·G.盖洛普开发了这项测试。测试让我们知道了动物是否能从镜子中认出自己。如果它们知道镜子里的就是自己，那么它们就能分清楚自己与世界上的其他东西，也就能意识到自己的存在。为了进行这项测试，动物要先进入睡眠状态，以便我们在它身上留下一块彩色（且没有味道）的标记。当动物醒来时，在它面前放一面镜子。如果它去触碰那个标记，就意味着它成功通过了镜子测试。

成功通过镜子测试的动物

猿类、海豚、大象、喜鹊、猪和蝠鲼都通过了这项测试。举个例子，如果在喜鹊的羽毛上贴一个贴纸，通过照镜子，它就知道镜子里的自己是影子，然后认识到身上的标记不正常，从而试图将这个标记取下来。

喜鹊是有自我意识的

没有通过镜子测试的动物

对于其他动物，该测试有一些局限性：例如，狗和猫更多地利用鼻子而不是眼睛来识别自己和同类。所以，它们常常无法通过镜像测试。

对于狗来说，镜子测试不是最合适的，因为狗会首先利用气味来识别同类和它自己

重新开发一个测试

现在我们就知道了，如果某个动物没有通过传统的镜子测试，也并不意味着它没有自我意识。例如，如果我们让一只狗参与以气味为基础的测试，那么它很可能也会向我们表明它有自我意识。因此，这也是为什么必须开发适应物种感官倾向的新测试，从而能够评估其他动物的自我意识。

转瞬即逝的凝视

虽然黑猩猩、倭黑猩猩和红毛猩猩都通过了镜子测试，但大猩猩却没有通过。实际上，大猩猩常常会回避别人的目光。在它们看来，注视别人是一种攻击形式，这就解释了为什么它们在镜子前的行为不同于其他猿类。

真不可思议

隆头鱼也顺利通过了镜子测试！这种酷爱清洁的鱼类以其他动物皮肤上的寄生虫为食。因此，它有识别鱼皮上是否有异物存在的习惯，而且还习惯将异物去除。因此，它通过了这项测试。

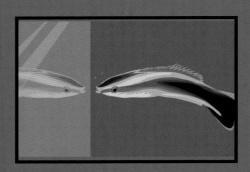

你知道吗？

年老或疾病都会引起记忆力的减退，这会让人类和动物的自我意识紊乱。

动物能分清 不同的数量吗？

松鼠、松鸦以及其他常在不同地方储存食物的动物都可以记住成千上万个藏"食"之处，它们的这种能力甚至超越了人类。这足以证明这些动物的记忆力非常好。但是它们就能因此知道如何区分不同的数量吗？

两朵花之间

如果我们展示出两朵花，每朵花都是多种花蜜的来源，蜜蜂一定会选择花蜜最丰富的花。因此，蜜蜂知道如何比较数量的多少。

选择哪个门？

鱼类也有这样的能力。用两扇门将一只食蚊鱼与它所在的鱼群隔离开：第一扇门上有2种图案的装饰，但不能打开；第二扇门上有3种图案的装饰，能打开。这条鱼很快就会知道，能让它与同类汇合的是第二扇门。所以，它能够区分不同的数量。

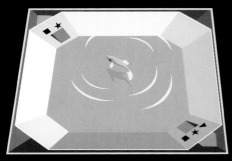

这个装置能测试食蚊鱼是否有区分数量的能力

小鸡能够分辨数量的多少

天才小鸡

即使是一只刚三天大的小鸡也知道数量之间的差异。这一发现是在一次测试后得出的，测试表明这些幼鸟脑中有简单的算术模型。为了确保实验顺利进行，科学家们在饲养小鸡的地方放了5种相似的物体。然后将其中2个或3个物体藏在一个不透明的屏幕后面。随后，小鸡都去向了放置了更多物体的一边，这证明它们能够分辨出数量之间的区别！

小心一点永远不会错

通过聆听另一个种群的咆哮声，狮子会决定要不要发起攻击，因为它们能估算自己种群的数量，考虑实力是否悬殊！和狮子一样，猫也知道怎么应对这种数量差异。当我们记录它们的大脑活动时，根据所见到的数量的不同，所激活的大脑区域也不相同。

真不可思议

黑线姬鼠能够区分有8个物体的图像和有9个物体的图像，与其他物种相比，这真是十分出色的成绩了。

你知道吗？

大多数动物都知道数量之间的差别，这对它们的生存至关重要！

45

动物会运算吗？

会使用数字和会数数并不是人类独有的能力。有些动物天生就有数学能力。

当海豚面对数字概念

海豚不仅能够分辨出两个数量间的差异，还知道如何数数。即使我们改变了给它们展示的符号形状，它们也能设法数清楚。例如，即便它们看到的是6个较小的符号和5个较大的符号，它们仍然能理解5是小于6的！因此，海豚掌握了"数"这个概念。

蜜蜂能数到哪个数？

动物行为学家测试过蜜蜂的计数能力。通过专门针对这些昆虫进行的测试，科学家们证明蜜蜂可以数到6或7。这不是蜜蜂的极限。尽管蜜蜂的大脑很小，但它们却知道如何做加减法！

黑猩猩做加法

如果给黑猩猩两盘巧克力，一个盘子里有3块巧克力，另一个盘子里有4块巧克力，它们会选择哪一盘呢？当然是第二个！黑猩猩可以区分数量的多少。它们也会做加法，例如5 + 1 = 6或4 + 3 = 7。

速度上的记录

人们可以教会黑猩猩识别计算机屏幕上的数字。为了达成这个目的，有一个测试，要分为三个阶段进行：（A）让黑猩猩去触摸一串数字的第一个数；（B）在屏幕上随意排列出数字，且被白色方块遮住。测试的最后，黑猩猩必须记起哪个数字被哪个白色的方块遮住了，并重新按顺序排列这串数字。一只名叫"艾伊"的雌性黑猩猩做这项练习的速度竟然比人类还要快得多！

真不可思议

美国著名的动物行为学家艾琳·佩帕博格（Irene Pepperberg）有一只鹦鹉，名叫亚历克斯，能够分辨5种形状、7种颜色，并且能数到6！只要总和不超过8，它还知道如何将两堆物体的数量相加。它能将三角形称为"三个角"，正方形称为"四个角"。它还可以理解"小于"和"大于"的概念。艾琳·佩帕博格曾将它的智力比作一个5岁的孩子。

你知道吗？

小鸡能掌握位序的概念：它们能够记住一个物体与其他物体的相对位置。例如，这个物体是否处在第三的位置。

动物知道
如何解决问题吗？

动物可以解决复杂的问题，要么通过发挥集体智慧（昆虫就是这种情况），要么通过发挥个体智慧。

蚂蚁的集体智慧

在昆虫中，蚂蚁总能不停地让研究它们的科学家惊叹。为了避免在满是糖水的杯子里被淹死，黑火蚁竟能用沙子搭桥！更让人吃惊的是，在一道深沟前，行军蚁会用自己的身体架起一座桥梁，避免坠落。它们把腿相互连接起来，从而让自己的同胞能够安全通过。这就是我们所说的集体智慧：蚂蚁并不是在听领导的命令行事，而是相互协调配合。

一些蚂蚁用它们的身体搭建起桥梁

乌鸦倒影的意义

鸟类也可以解决复杂的问题。在一个实验中，一只乌鸦面前有一个盒子，盒子里放着一块肉。它无法用自己的喙打开盒子，而它触手可及的棍子也无法打开。同时，还有第二根棍子，但是，乌鸦无法用喙够到第二根棍子。在面对这个问题的时

候，你们猜猜乌鸦会怎么做？它用触手可及的棍子去够第二根棍子，虽然第二根棍子远了一些，但是棍子更大，这样乌鸦就能用它来打开盒子了。小乌鸦、大乌鸦都一样，都能想到解决这个问题的所有必要步骤！

大象坎杜拉的恍然大悟

在智力上的冠军动物之中，来自华盛顿动物园的大象坎杜拉算得上是真正的明星了！如果坎杜拉够不到高处的食物，没关系，它"滚动"了一个立方体，将前腿放到立方体上，这样就能够得到宝贵的奖励了。这头大象经历了"恍然大悟"的过程（科学上，我们也称之为"洞察力"）：突然之间，我们就找到了问题的解决方案。

被关在罐子里的章鱼能够拧开盖子跑出来

百万种智慧

比较几个动物物种的智力水平没什么太大意义！科学家们已经意识到，物种都会根据所生活的环境来进化。这意味着，某个特定物种可能在某个特定任务中是智力上的冠军，但在其他的任务中却一筹莫展。

黑猩猩在某些测试中胜过我们人类，但这并不意味着它们总体上比我们更聪明。所有物种都有其特点，并且在不同类型的练习中或多或少地取得了成功。世界上并不是只有一种智慧，而是有百万种智慧！

你知道吗？

许多水族馆都报告过鱿鱼或章鱼的逃跑事件，它们逃跑的方式十分神奇……这群"逃跑大王"的大脑和八只触手都有神经元，如果将章鱼关在罐子里，它可以拧开盖子跑出去。

所有的动物都睡觉吗？

除了极少数例外，所有动物都是要睡觉的：哺乳动物会睡觉，当然鱼类、爬行动物和昆虫也会睡觉。大型动物的睡眠时间很少：大象、长颈鹿和马每天的睡眠时间不到5小时，而小型啮齿动物和蝙蝠每天的睡眠时间为10到20小时。

睡眠的好处

睡眠可以让动物恢复在清醒时消耗掉的能量。科学家已经证实，对于长有毛发和羽毛的动物来说，睡眠也有助于巩固记忆和管理情绪。

考拉是睡眠冠军，每天要睡20多个小时

睁着眼睛睡觉

爬行动物（例如：蛇等）、两栖动物（例如：青蛙等）的睡觉方式跟鱼类一样，而鱼类因为没有眼皮，所以眼睛总是睁着的。有些鱼类在入睡的时候会变色或用黏液（黏性有机物）包裹住自己。

一只在湖面上睡觉的天鹅。

昆虫的睡眠

跟我们所想的不一样，昆虫是要睡觉的！一只苍蝇在休息时，就没有醒着的时候那么警觉，反应会变慢。如果将苍蝇关在瓶子里，我们通过敲击瓶子来阻止它们睡觉，它们将在第二天更频繁、更长时间地休息，以弥补睡眠不足。蜜蜂在休息时，头部倾斜且颈部的紧张感会降低。处在完全静止状态中的蜜蜂会将触角耷拉在脑袋上。

头朝下，倒着睡

一旦腿悬空了，蝙蝠就能不费力地一直保持这个姿势：它的爪子上有肌腱，蝙蝠被身体的重量拉动时，就会转向，肌腱会锁住倒挂的位置，像弹簧刀一样。因此，即使在冬眠时，它们也不会掉下来！蝙蝠这种会飞的哺乳动物采用这个不太典型的姿势睡觉，原因很简单：为了躲避生活在地面上的捕食者。在掉落下来的时候，它们也可以很快飞走！

站着睡觉

长颈鹿睡觉的时候，通常都是站立着的，这样的睡姿降低了被捕食者攻击的机会。偶尔长颈鹿也会躺在地上睡：它会扭曲自己，脖子扭转180度，并让头靠在背上。

真不可思议

所有动物都需要休息，至少在某个时刻一定需要休息，但有些动物比其他动物更需要休息。蝙蝠是地球上最贪睡的动物之一，它每天要睡将近20个小时。

你知道吗？

有些动物能够改变自己的生物钟。例如，大象这种动物，通常在白天活动、晚上睡觉。但是，为了躲避偷猎者，它们也能在晚上迁徙。

动物
会梦到什么？

当狗在睡觉时突然开始咆哮或哀鸣，或者猫在睡觉时搓揉爪子，宠物的主人们绝对相信：他们的宠物确实正在做梦！

做美梦

即便科学家们还没有穷尽所有问题的答案，但他们已经能够证实，哺乳动物和鸟类是会做梦的。这是通过记录它们大脑产生的波段来证明的，这些波段还表明温血动物会产生异相睡眠（这个睡眠阶段的大脑活动很激烈）。

蜥蜴的梦

在昆虫和鱼类中，没有记录到异相睡眠的存在：很可能这些动物就不做梦。相反，在爬行动物中，尤其是在研究蜥蜴时，我们发现，它们的眼睛在睡眠阶段会出现颤动。科学家们正试图了解，某些爬行动物是否跟有羽毛或皮毛的动物一样，有异相睡眠阶段，它们是否真的会做梦！

快速的眼球运动是异相睡眠的特征。

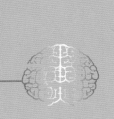

睡眠至关重要

如果动物无法睡觉，就可能出现可怕的现象：体重减轻、肢体残断、体温下降、心理障碍。甚至可能出现死亡这样的负面后果。

异相睡眠

在异相睡眠阶段，大脑活动很剧烈，眼睛开始有一些小动作，可能还会出现肢体上的不安反应。异相睡眠可以让动物学习和记忆不同的事件。异常睡眠阶段的持续时间是因动物而异的：对于人类来说，4到6个异常睡眠周期会占用100分钟的夜间睡眠时间，狗或猫为200分钟，鸟类只有几秒钟。

鱿鱼也会做梦

研究人员在鱿鱼身上观察到一种"主动睡眠"的现象，这与在大多数脊椎动物身上观察到的异相睡眠现象很相似。这证明，鱿鱼像人类一样也会做梦！睡觉的时候，鱿鱼会改变自己的颜色并收缩起来。这是第一次在无脊椎动物身上发现这样的现象。

真不可思议

在梦中，哺乳动物、鸟类（也许还有爬行动物）会重温过去的事件，并将这些事件与积极或消极的情绪联系起来。科学家们不排除这样一种可能性，即跟人类一样，那些大脑发育得很完备的动物甚至能想象现实中不存在的场景。

你知道吗？

一些海洋哺乳动物，例如海豚，是没有异相睡眠的，而且它们"只闭上一只眼睛睡觉"。它们的大脑中也只有一个半球会休息，而另一个半球还清醒着。这使它们能够始终保持警觉。

动物可以在
时间中穿梭吗？

动物能否回忆过去？又能否规划未来？

思考过去和未来

　　长期以来，人们都认为动物只活在当下，它们无法想起某些记忆，也无法想象自己的未来。这与人类差异很大，因为人类可以对自己说："去年冬天我特别高兴地过了圣诞节！"或者"一个月后，我就要过生日了！"然而，许多实验表明，事实与我们认为的恰恰相反。

神圣的记忆

　　一些鸟类和哺乳动物能够记住"在哪里？什么时候？什么事？"也因此能记住过去的事件及其发生的背景。例如，雀形目鸟类能记住储存了哪些食物、食物藏在哪里，尤其记得住食物储存了多长时间！

在实验室里，一只松鸦
把食物藏到沙子里

猴类的智慧

　　有些动物也能够思考未来。倭黑猩猩和红毛猩猩能够选择觅食方式：它们会预测未来的需求。如果它们知道现在放弃而稍后就会得到更大的奖励，它们可能会放弃当前的食物奖励！

有趣的鸟类

　　在储藏食物时，松鸦的行为并不是随机的：在它们回来寻找储藏的食物之前，它们就会提前决定是否要储藏自己喜欢的食物！

真不可思议

　　红毛猩猩、黑猩猩和倭黑猩猩也有这样的能力，它们可以通过记住某些事实而回忆起过去的事件。丹麦的一项实验研究表明，这些猩猩有能力记住3年前发生的事件。

你知道吗？

　　预判未来事件的能力是一种复杂的认知能力。人类在4~5时岁才会拥有这种能力。

动物会使用工具

20世纪初期，我们认为只有人类才知道如何使用工具，然而动物行为学家发现，许多动物也有能力使用不同的材料来获取食物、筑巢或保护自己。

蚂蚁的工作

蚁学家（研究蚂蚁的专家）为蚂蚁准备了稀释的蜂蜜和纯蜂蜜。为了收集这些美味的蜂蜜，蚂蚁有不同的工具可以选择，比如树叶、树枝、纸片、海绵、苔藓还有保鲜膜。由于打算采收的蜂蜜种类不同，蚂蚁们没有使用相同的工具！由此可知，蚂蚁们不仅可以分析液体种类，还会选择最合适的工具！

这条鱼，真聪明

有些鱼也会使用工具。青衣鱼的嘴里叼着一只蛤蜊，游到一块岩石上，在岩石上砸蛤蜊的壳，最后打开蛤蜊并吃到了里面的肉。

这条长着黑色斑点的隆头鱼把水下的岩石当作砧板，撬开蛤蜊

巧妙的技术

海獭发明了另一种开贝壳的技术！它们随身携带一颗石头，把石头放在肚子上，再用它砸碎海鲜，就能开心地吃肉了。

机智的乌鸦

新喀里多尼亚乌鸦特别擅长使用工具。有些乌鸦利用尖尖的喙在树洞中捕捉多汁的幼虫。它们甚至记得工具放在了哪里，方便以后需要时还可以找到工具。它们使用工具的方法很巧妙，把工具掰弯，更容易捕捉到猎物。

这只海獭在胸前放了一颗石头，用它轻敲贝壳的上方，将其打开

真不可思议

一些章鱼利用椰子或巨大的空贝壳来隐藏自己。长有吸盘的触手能让它们把椰子或空贝壳的两个部分合起来，将自己完全锁在里面。它们还能带着这个奇怪的住所行走好多米，一旦住了进去，章鱼就能像雪球一样滚动着移动，还可以躲避捕食者。

你知道吗？

一些海豚会撕下海绵，并把它放到自己的嘴上，这样可以在海底搜寻时避免受伤（珊瑚造成的）。这种情况下，使用工具是为了保护自己！

本领与传承

卷尾猴用石头做"锤子",用扁石头当"砧板"来敲腰果。这种技能非常古老,而且已经传承了数十代。

近三千年以来,卷尾猴都用工具进食。

一只卷尾猴在一块大石头上用小石头敲敲打打,打开腰果

使用工具的冠军

黑猩猩是使用工具的冠军!它们会根据白蚁穴的种类来选择不同形状的树枝,然后用树枝把作为食物的白蚁掏出来。这种"捕虫"技能会在种群的个体之间进行社会性传承:这就是我们所说的真正的动物文化。

黑猩猩会用几种不同形状的树枝来捕捉白蚁穴中的白蚁

狩猎的技巧

在塞内加尔，黑猩猩制造出长长的镐头，来挖出隐藏在树洞中的婴猴。首先，它们从树枝上摘下叶子，撕咬树叶直到树叶的顶端变尖。然后它们将这个工具狠狠戳进树洞中，尝试用这个方法杀死它们的猎物。

婴猴是黑猩猩的猎物

动物文化与智力

正如我们在人类身上观察到的那样，学习是让猿类进化发展的基础，这让它们能够相互学习创新的解决方案。因此，文化与智力是密切相关的。

植物海绵

红毛猩猩的天赋

科学家们将花生放入一个装有四分之一水的试管中。在没有任何工具的情况下，红毛猩猩表现出了非凡的聪明才智。它们用嘴从饮水槽里吸水，然后吐到试管里，这样试管里的水位就会升高，也就能吃到花生了！

真不可思议

在几内亚，一些黑猩猩会去"捕捞海藻"！它们会使用各种粗树枝和细树枝去捞藻类。一些树枝的长度可以达到4米！

你知道吗？

动物行为学家对许多物种，例如秃鹰、胡兀鹫或射水鱼使用不同工具（石头、植物海绵、棍子、绳子……）的例子进行了描述。

智慧工程

织工蚁的巢穴

织工蚁在树上筑巢，这种工程需要好几个步骤才能完成。首先，工蚁会将叶子折叠在一起，形成一个大口袋，群体中所有的蚂蚁都会在口袋里安顿下来。这项工程需要它们相互之间的高度配合。它们还会让自己的幼虫去运送叶子，把一片叶子叠到另一片叶子上。蚂蚁幼虫会分泌出丝状水滴，用于将叶子间的缝隙堵住！

1.折叠叶子

2.用丝状水滴堵住叶子间的缝隙

3.马上完工的巢穴

在织工蚁的巢穴编搭建好之后，巢穴可以容纳多达500000只蚂蚁。

鸟的巢穴

不同的鸟有大小不一的巢穴。麻雀、燕子等鸟的巢穴一般在10~20厘米之间。秃鹰的巢穴直径可达2.6米。鸵鸟的巢穴则更大。巢穴是鸟类休息与抵御掠食者的堡垒。

白蚁的巢穴

白蚁是建筑领域的王牌！特别是罗盘白蚁，它们的住所呈南北向，一般用泥土制作，这使得白蚁的巢穴更容易保持内部温度的均匀。

真不可思议

在圭亚那，蜘蛛的体长很难超过5毫米，然而这些群居在一起的蜘蛛能织出100立方米的巨大的网，便于困住猎物。这种令人惊叹的天才建筑能力是集体智慧（或群体智慧）的成果。

鸟筑起的巢穴都是精妙的建筑

提防懒惰的鸟

群体中的每个"社会共和国"成员都会参与巨巢的建设和维护。负责"监督"的鸟儿会斥责那些没有充分参与巢穴维护的"懒惰"鸟。

你知道吗？

罗盘白蚁能建造出比汽车还要高的巨大巢穴！

集体的建筑工程

昆虫、群居蜘蛛、一些鸟类和哺乳动物都有许多需要集体合作的建筑工程，它们也表现出高度的合作和集体智慧。而从个体层面上来说，这些动物不一定需要多么高级的智力。群体协作表现出了它们的智慧！

这个土堆是草原鼠为过冬而筑的巨大巢穴

一些动物会表现出群体智慧。

劳动分工

在秋天，壮年草原鼠会用草和泥土筑起一个巨大的巢穴，即土堆。在巢穴的下面，它们还会挖出长长的过道。为了实现这一壮举，它们会分工协作：一些老鼠专门寻找材料，另一些则专门筑巢，而剩下的老鼠则静静地看着它们的同类……什么都不做！

以一己之力筑巢

有时筑巢这件事是凭借一己之力来完成的。这个本事需要长期的学习和训练，而且这也足以证明有些动物的智力水平是很高的。每个动物个体都必须记住筑巢的步骤，知道选择合适的材料，将材料切割、弯曲之后去使用。

红毛猩猩会根据所用材料的特性精心打造它的巢穴

红毛猩猩的床

为了建造一个能够睡觉和休息的巢穴，红毛猩猩每天都会去收集树枝和树叶。首先，它用坚固厚实的木头搭建一个坚硬扎实的框架，这个框架足以支撑它身体的重量。然后，它开始布置巢穴，添加一些能彼此缠绕的、比较轻的树枝，这样能让自己的家更舒适。这几个不同的施工阶段都需要规划，并选择好合适的建筑材料。至于筑巢的本事，都是由红毛猩猩的母亲教给下一代的。

海狸的水坝

海狸建造的水坝可以算得上是动物建造的最著名的建筑工程之一了。水坝可以用来保护自己，避免受到掠食者的侵害，还能改变水流方向，将附近的林区淹没，这样一来，任何想要进入这个区域的动物都必须潜入水下。因此，水坝的建造阻止了许多不敢彻底潜入海狸领地的掠食者。

海狸建造的水坝有庇护所的作用，可以保护它们免受掠食者的侵害

你知道吗？

海狸知道如何利用顺水和逆水，这样运送筑水坝的木材时就省力多了。

动物的 情绪

动物能感受到痛苦、悲伤、喜悦、愤怒、同情，这跟人类是一样的。动物还知道寻求积极情绪，规避消极情绪。它们的情感生活很丰富，这提醒着我们，人类与动物有着深厚的渊源。

什么
是情绪？

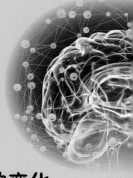

长期以来，人们认为情绪是人类的专利。得益于科学研究，我们现在知道了，许多动物也能感觉到情绪。

● 生理和行为上的变化

情绪是身体对某种情况的反应。情绪会导致行为和身体内部的变化（我们称之为生理变化）。根据感受到的情绪，动物会改变其耳朵和尾巴的位置（行为改变），或者在受到压力时心跳加快（生理变化）。

● 情绪，平衡的因素

情绪有助于做出决定，因为有情绪的动物会去寻求积极的情绪，例如快乐和愉悦；并且会避免消极的情绪，例如恐惧或厌恶。

动物会寻求积极情绪，避免消极情绪。

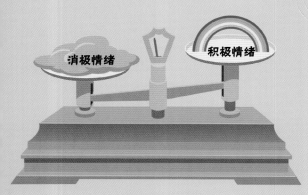

消极情绪　　积极情绪

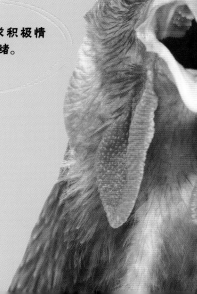

痛苦

痛苦是由于受伤而引起的一种不愉快的体验，是一种预警系统，可以提醒大脑有些事情不太对劲。动物的皮肤上长满了能检测异常情况（例如：温度过高）的感受器，这些都是伤害感受器。这些感受器通过神经将信号传送到长长的通道（即脊髓）上，这个地方也布满了神经，长在脊柱上。脊髓将这些信号传送到大脑，大脑则会去定位信号的来源，并将解读这些信息，例如将信息解读成痛苦。这时动物就会感到痛苦。

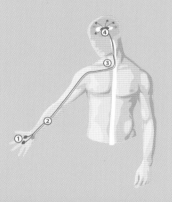

伤害感受器（1）检测到异常情况，通过神经（2）向脊髓（3）传送信息，等信息到了大脑（4），我们就会感到痛苦

情绪，对于生存至关重要

大多数动物都能够记住某个事件和当下感受到的情绪。这可以让它们避免再次遇到相同情况、再次置于危险之中。

真不可思议

如果连续数周给老鼠施加压力，它们就会变得很悲观，这意味着它们会以消极的方式看待事物。相反，如果老鼠在良好的条件下长大，它们看到的生活就是美好的！这被称为判断偏差，或者说，这影响我们如何看待一件事。例如有半杯水，我们看到的是还有一半还是空了一半。

你知道吗？

动物完全能够通过非语言信号来传达它们的情绪和意图，即使它们无法说出自身的感受！

对痛苦敏感的动物

所有有脊柱的动物（我们称之为脊椎动物：鱼类、爬行动物、鸟类、两栖动物和哺乳动物）都对痛苦很敏感。科学家们通过分析它们发出的声响、它们行为的变化以及疼痛时它们身体内部的变化（即生理上的变化）证实了这一点。

有一些例外

没有脊柱的动物（我们称之为无脊椎动物）则与我们人类非常不同，以至于科学家们还不知道它们是否能感觉到痛苦，当然也有少数例外！章鱼、墨鱼确实能感觉到痛苦，龙虾和螃蟹也能。但是，至于昆虫和蜘蛛，目前还没有足够的数据来得出结论。

残忍的做法

直到最近，人们还以为一条从水里出来的、还在挣扎的、嘴里叼着鱼钩的鱼并不会感到痛苦，而只是条件反射性的反应。然而，科学家们表示，在网中的鱼、嘴巴被鱼钩刺穿时的鱼都会感到痛苦，在空气中慢慢窒息的时候也会感到痛苦。

悲伤

正如人类会感到悲伤，某些情况也会让动物感到悲伤。如果我们将一只动物关在笼子里，不允许它玩耍，不允许它与其他动物互动，我们就剥夺了动物保持平衡和幸福所必需的基本能力。动物就不再对任何东西感兴趣，也不再能感到快乐，从而变得沮丧。

动物的悲伤

其他情况也可能会致使动物感到痛苦。如果主人去世，狗和猫会感到非常悲伤，而其他一些动物，尤其是猴子和鲸类动物（海豚、鲸鱼），在失去自己的同类时也会感到悲伤。正因为这样，即便幼崽已经死了，猕猴妈妈和黑猩猩妈妈仍然会带着死去的幼崽到处移动，并照顾它们数周。

当幼崽死去，猕猴母亲感到痛苦

孤独，抑郁的根源

大多数动物都有社会性，这意味着它们需要交流、玩耍、与同类一起从事不同的活动。不让它们与自己的同类在一起，是孤独感最主要的来源，这很可能导致抑郁症的发生。

真不可思议

有些鱼也许可以体会到"伤心的爱情"！斑马矛丽鱼会依附在爱侣的身上。如果我们把它和伴侣分开，它就会感到痛苦，而且看到的生活都是黑暗的：它对任何东西都不再感兴趣。

在没有挚爱伴侣的情况下，斑马矛丽鱼眼中的生活都是黑暗的

你知道吗？

当一头大象死去时，其他大象会感到极度痛苦。它们会在尸体边停留，有时会用泥土掩埋死去的同伴。如果群体中有成员被偷猎者杀死，有些大象会受到心理创伤。

喜悦

动物可以在不同的情况下感受到快乐。狗看到主人回家就摇尾巴，猪在草地上开心地打滚，猫科动物会为了开心去玩耍！

狗会用一种特定的姿势来邀请主人或同类玩耍

黑猩猩笑起来的方式跟人类非常相似

哺乳动物有自己笑的方式

长期以来，人们一直认为只有人类才会笑！但其实很多动物都会笑：老鼠在挠痒痒时会发出非常奇特的声音，狗在"笑"的时候会大声呼气，黑猩猩会像我们人类一样笑，张开嘴发出"咯咯"的笑声。

多挠痒痒

喜悦的感觉通常与快乐联系在一起。如果有一个按下去就能挠痒痒的杠杆和另一个按下去没什么反应的杠杆，让大鼠在这两个杠杆之间做出选择，它们一定会选择可以挠痒痒的杠杆，因为挠痒痒也是快乐的来源。

⬤ 愤怒

许多动物都存在攻击性行为，出现这种行为一般都是因为动物感受到了一种情绪：愤怒。当捕食者攻击猎物时，捕食者表现出的不是愤怒的情绪，这只是出自本能的捕食行为。相反，被捕食者所攻击的猎物，可能会针对正试图吞噬它们的捕食者表现出极度愤怒的情绪！如果有动物闯入其他动物的领地，或者如果有动物想偷走其他动物挚爱的雌性，即便是同类，它们也会表现出愤怒情绪。

在入侵动物出现时，领地意识强的动物可能会表现出攻击性。

决斗中的耐力

在繁殖季节，鹿会频繁地进行战斗，来进行实力的较量。两两决斗结束后，其中一个会逃跑，而另一位获胜者则有权交配。

真不可思议

袋鼠有拳击手的名声，而它们也绝对配得上这个称呼！为了选出那个可以与雌性交配的雄性，袋鼠之间经常发生暴力冲突。它们用强有力的后腿去踢踹对方，这种打斗方式会让对手严重受伤。

你知道吗？

动物行为学家还有些工作远未完成，比如记录动物身上所有的喜悦表现，还有喜悦情绪导致的动物身体上的变化，但研究正在加速向前推进。

71

攻击性行为

　　动物的攻击性行为很容易识别。有的打架，有的做出威慑，有的露出尖牙或发出激烈的尖叫。大多数哺乳动物都会模仿和学习威慑行为，表现得令人生畏，甚至有时候在战斗开始前，它们就能把对手吓跑。但有时候这种行为没什么作用，甚至可能是真正的战斗的导火索，不过这样的战斗很少会导致死亡。

在平静的外表之下

　　尽管相对来说雄性长颈鹿算得上和平主义者，但它们有时还是会用头去攻击对手的脖子，就像用锤子锤一样。因为长颈鹿头骨的顶部有两个非常坚硬的小凸起，称为骨锥。

长颈鹿打架的时候会用头撞击对方的脖子

恐惧

　　恐惧是最古老的一种情绪。它出现在很多的动物身上。恐惧是必不可少的情绪，因为它可以帮助动物避免危险情况的发生，或者逃脱捕食者的追击。在危险时刻，动物的大脑会产生作为警告信号的化合物，并让身体做好应对的准备。当捕食者在周围伺机而动时，动物会时刻保持警惕，此时它们观察到的环境像拼图一样，帮助它们判断所处的是安全场所还是危险场所。

动物交配的目的可能只是为了快乐。

爱

有些科学家倾向于将动物间的"爱"说成依恋。从大脑和行为的层面上来说，一些动物之间感受到的爱与人类所经历的爱没有什么区别。此外，许多人还认为动物的交配只是为了生育后代。但科学家们已经证明，动物拥抱、触摸和交配最主要的目的还是体验快乐！

对母亲的依恋

对于哺乳动物来说，母亲和幼崽之间的关系是非常牢固的，而且这种关系对幼崽来说是必不可少的。如果让猕猴在毛绒玩具和一瓶牛奶之间做出选择，小猴子肯定更喜欢毛绒玩具，而不是选择喝奶。组织好社会关系这种能力对于哺乳动物来说是程式化的，它们很小就开始与母亲（有时也与父亲）建立起牢固的关系！一旦长大，雌性哺乳动物会自然而然地肩负起保护和照顾幼崽的职责，这被称为母性本能。通过教育和照顾幼崽，母亲也影响着其后代未来的生活。

一生之爱

有些动物会有多个爱的伴侣，而另一些只在特定的时间段里才选择同伴或伴侣，还有一些会与所爱的伴侣共度一生。

真不可思议

大象会以象群为单位去生活和迁徙，象群一般由母象和小象组成。为了更好地保护小象，象群在行进的过程中会把小象放在中间。虽然每只小象都有自己的妈妈，但其他的象阿姨也会帮助它成长。如果小象的妈妈不幸去世了，幼崽也永远不会被抛弃，象群里的其他大象会收养它。大象有着很强的家族意识！

你知道吗?

昆虫也会感受到压力！与没有暴露在压力之下的果蝇相比，暴露在捕食者气味中的果蝇将更早死亡，体重也会下降得更多。

慈爱的母亲

关于母性，其他动物是什么样的呢？鸟类也具有高度发达的母性本能。一旦成年了，成为鸟妈妈，它们就会发挥本能悉心照料幼崽，并用反刍食物的方式来喂养孩子。

自己照顾自己

哺乳动物和鸟类的母亲会照顾自己的幼崽，但也有其他一些动物根本不会照顾幼崽。通常，在爬行动物中，雌性会把卵埋起来，这些卵甚至都还没孵化就被抛弃了！幼崽破壳而出后，它们就要一切自理，必须自己照顾自己。

鳄鱼：爬行动物中的例外

当然也有例外：鳄鱼。鳄鱼妈妈会筑巢来掩护自己的卵，然后站岗保护它们。孵化时间一到，幼崽会从蛋里发出叫声：鳄鱼妈妈就会挖出这颗卵，还会帮助孩子破壳而出。鳄鱼妈妈会直接用嘴叼着幼崽，把它们送到水里，还会保证它们得到教育和保护。所以，鳄鱼也有母性本能！

雄性和雌性之间的相互依恋

单配动物，即只选择一个伴侣的动物（一段时间之内或一生之中）。这种动物中的雄性和雌性之间存在着强烈的依恋关系。许多哺乳动物、鸟类、爬行动物和鱼类都会成双成对地生活，并由其中一个伴侣来养育幼崽。雄性和雌性实际上是相互依附的。它们经常表达爱意：有些动物会花几个小时的时间互相梳洗，有些则会啄咬对方的喙（相当于我们深情的亲吻），父亲和母亲会轮流照顾它们的孩子。动物和人类一样，既有慈爱的母亲，也有慈爱的父亲！

年幼的七彩神仙鱼会与父母待在一起，并以父母身体上分泌出的黏液为食

七彩神仙鱼，顾家的夫妇

大多数鱼类排卵时都不会考虑太多。大概有四分之一的鱼类会在孩子出生后去照顾孩子。例如，七彩神仙鱼的父亲和母亲就非常顾家，它们会保护巢穴，与后代生活在一起。它们的身体会产生黏液，幼崽可以在孵化后的三周内以父母分泌出的黏液为食。

真不可思议

年幼的鹅会依附于它们出生时看到的第一个动物，无论是雌性动物还是雄性动物！动物行为学家康拉德·洛伦茨 (Konrad Lorenz) 收养了很多鹅，鹅就把她当成了母亲，这也证明了上述发现。我们将这种行为称为印随行为。

你知道吗?

田鼠是单配动物，始终忠于伴侣，并且非常依恋自己的伴侣。如果我们将它与挚爱分开，它就会感受到巨大的压力。

75

友好关系

动物可以与它们的家庭成员建立起友好关系，也可以与种群中的成员建立这种关系。如果我们将曾经一起生活的两头奶牛分开，并将它们放在不认识的奶牛旁边，它们可能会表现出承受压力的迹象。大象和黑猩猩也能或多或少地与其家族成员建立起牢固的友好关系。

同理心

同理心是识别和感受他人情绪的能力。长期以来，人们一直以为只有人类才有同理心。当人类照顾自己的同类、向陌生人献血或者参与互助组织时，就表现出了高度的同理心。但人类并不是唯一可以体会到这种情绪的物种！事实上，在进化过程中，同理心起到了非常重要的作用，大多数动物都有同理心，特别是哺乳动物！

启发性的实验

在一项实验中，几只黑猩猩不得不在"慷慨"的筹码和"自私"的筹码之间做出选择。如果它们选择代表"慷慨"的筹码，就会得到食物，它们的邻居也会得到食物。如果它们选择代表"自私"的筹码，它们会得到食物，但它们的邻居不会得到食物。大多数黑猩猩最后都会选择"慷慨"的筹码。

团结在一起

　　动物的同理心表现不止于此。有些动物甚至能安慰自己的同类。大象、狼、狗、黑猩猩、乌鸦和草原田鼠都会向自己感到压力或悲伤的同类表达爱意。

跨越物种的友谊

　　虽然跨越物种的友谊很少见，但这种不同物种的动物之间建立起来的友谊还是存在的。比如人类和他的动物伙伴，他们生活在同一个屋檐下，宠物可能是猫或狗，又或者是小兔子、小鸭子，甚至可能有一些令人难以置信的友情故事。

真不可思议

　　有些动物知道如何识别同胞的情绪，也知道如何识别人类的情绪！特别是狗、猫或马。根据看到的人类的面孔或态度，它们会改变自己的行为。狗会在主人难过时安慰主人；猫会在主人感到压力时爬到主人的膝盖上并发出咕咕的声音；如果骑马的人感到害怕，马通常也会表现出焦虑！

同理心的进化起源是非常古老的。

你知道吗?

　　经过训练，老鼠学会了按杠杆来获取食物，但是如果它们发现按动获取食物的杠杆会对自己的同类造成电击（并引起疼痛）时，老鼠就会停止按杠杆的行为。

为了快乐，去做游戏

大多数动物都会做游戏：哺乳动物、鸟类、爬行动物、鱼类甚至软体动物章鱼。玩游戏有自我训练的功效，能够帮助它们去完成一些未来的行动，例如打猎、打斗或诱惑。但是动物也会仅仅为了快乐而做游戏！

猫跟羽毛棒玩耍

游戏高手

人类在孩提时代也经常做游戏，而且在一生之中，人类也会持续去做游戏。玩过家家、玩桌游、做运动、玩电子游戏，这些娱乐活动总让人乐此不疲！和人类一样，大家都知道猫和狗对于参与游戏这件事也乐此不疲！球、袜子，一切都可以为了自娱自乐而存在。黑猩猩做游戏仅仅是为了快乐。而有些老鼠则喜欢和人类玩捉迷藏！

彼得·潘综合征

即使已经成年了，人类和他们的宠物仍然会常常做游戏，而野生动物就不一样了，它们成年后就很少玩游戏了。从进化的角度来说，人类永远是孩子，正如狗和猫都是其祖先狼和野猫的婴儿版一样。换句话说，人类的一生都保留着儿童的行为。我们称此现象为幼态持续。

动物有道德吗？

动物有自己的生活规则。我们很少见到同一物种的两只哺乳动物或两只鸟类打斗到互相残杀；这表明动物具有一定的道德感。在所生活的种群中，它们会表现出对统治者的尊重，或它们自觉服从命令！

有时河马会张大嘴巴，这是为了重申它才是统治者

人类创造的概念

通过定义对自己来说看似公平的准则，人类创造了道德概念。由于我们人类的信仰和文化不同，这些准则并不完全相同。因此，道德准则并不是唯一的，地球上有好几种道德准则，这意味着善与恶并不总是那么容易被定义的。但是，在所有文化的道德准则中，我们发现了一些共同的价值观：一般来说，人类不会希望一个人被无缘无故地杀害，或者以不公平的、暴力的方式对待孩子。这与我们的同理心联系在一起。大多数动物也有这种同理心。

真不可思议

一般情况下，成年哺乳动物对它们种群中的幼崽都很宽容，不会伤害幼崽（某些物种除外，例如狮子，如果不是自己的后代，狮子可能会杀死它们）。动物创造的道德与人类的不太一样，它们的道德是根据自己的准则来制定的，对于它们所生活的种群来说，这些准则是共通的。

你知道吗？

善与恶是人为定义的概念，这种概念在历史发展的过程中常常会变化。在几十年前的法国，人们认为将凶手送上断头台是正确的。如今，尽管其他国家还在继续执行死刑，但是，在法国，道德上已经不能接受判决一个人死刑了。

动物想要正义吗？

为了让与道德相关的规则能被所有人尊重，人类创造了正义。动物生活在比人类更小的群体之中。所以，它们不需要法院来让人们遵守法律。但是有事实证明，有些动物很讨厌不公正。

公平感

狗有公平感。

当狗的主人过分关注另一只狗时，甚至只是关注与它相似的毛绒玩具时，狗都会变得嫉妒。在一项实验中，每只狗都必须伸出爪子才能获得奖励，同时它们能够观察到另一只狗也要做同样的事情。如果两只狗中的一只总是得到奖励，而另一只却从未得到奖励，后者就会失去参与实验的欲望，还会变得不喜欢另一只狗，直到最后，会完全停止伸出爪子，因为它对此完全失去了兴趣。所以，狗有公平感。

生活的准则

如果群体中有成员不遵守规则，黑猩猩会攻击这个成员来表现正义感。对待与自己不同类的物种，比如对待人类，海豚和鲸鱼能表现出同理心。而人们已经发现，即便在没有奖励的情况下，它们也可以保护人类免受掠食者的侵害，似乎它们认为让一个毫无防备的生物被吞噬是"不公平"的。

动物喜欢艺术吗？

人类是艺术家，喜欢美丽的事物，可以创造出无穷无尽的艺术作品，例如雕塑或绘画。但人类不是唯一喜欢漂亮东西的物种！动物对美丽的东西也有偏好。例如，花园里的鸟类建造出的巢穴总是让人震惊，它们还可以用巢穴来吸引雌鸟。它们会在巢穴里存放各种各样的物品，通常颜色都十分鲜艳。

花园里的鸟儿会建造复杂的巢穴，并储存五颜六色的物品来吸引伴侣

大多数动物都有审美意识。

雄性孔雀能开出华丽的屏，来取悦雌性孔雀。雌性孔雀有审美意识，知道如何评价雄性孔雀的美，从而选择是否与雄性孔雀交配。

海豚，伟大的艺术家

海豚能在水中和空中表演卓越的杂技，它们这样做仅仅是为了快乐。它们还能在水下制造气泡，并自得其乐。一些科学家认为，海豚这样的行为仅仅是在做游戏；而另一些科学家则认为，海豚是在创造艺术品。

真不可思议

属于同一物种的雄鸟的叫声也是不同的。因此，对于雄鸟的歌声是否优美，雌鸟是很敏感的，而且可以根据雄鸟的歌声是否丰富和优雅来选择自己的伴侣。

歌声优美的雄鸟对雌鸟更有吸引力

你知道吗？

雄性座头鲸会发出悦耳的歌声来吸引另一半。

动物喜欢音乐吗

听到不同音乐时，动物的反应方式也是不同的。有些狗会开始嚎叫，有些奶牛会产出更多的牛奶……一般来说，从出生开始，甚至还在母亲子宫里时，年幼的哺乳动物对音乐就已经很敏感了！

对音乐的品位

古典音乐对哺乳动物来说也能起到放松作用。但是每个物种都有自己的音乐偏好，这取决于它们的生活节奏、听力水平……

古典音乐的功效

听过莫扎特音乐的大鼠幼崽在出生后会比没有听过此类音乐的大鼠幼崽更善于探索迷宫。这说明，音乐也能提高动物的注意力并影响它们的认知表现。

奶牛对古典音乐也是很敏感的：一项实验表明，听贝多芬音乐的奶牛能比听甲壳虫乐队音乐的奶牛产出更多的牛奶！

猫的音乐偏好

通过让人类的音乐适应猫的频率和节奏的方式，一组研究人员创作了几种猫科动物的音乐。猫表现出了对快节奏、高音调音乐的偏好，而不是慢节奏、低音调的音乐。这可能就是猫科动物的"摇滚"吧！

跟着节奏跳舞

跟人类一样，一些鹦鹉可以随着音乐跳舞。受过训练的葵花凤头鹦鹉尤其如此。它们能根据节奏调整自己的动作，就像人类一样，还能进行出色的编舞，举起一只爪子，摆动头部画出半圆形或向前动，还会像摇滚歌手一样摆动自己的羽毛和凤头冠！

真不可思议

除了抗压功效以外，音乐还有助于更好地控制疼痛感。针对人类的一些研究表明，在疼痛发作期间或在手术之后，听音乐可以缓解疼痛。

音乐的普遍益处

大多数鱼类、鸟类和哺乳动物在聆听轻松的音乐时都会感受到压力的减轻。人类新生儿的大脑对摇篮曲很敏感，摇篮曲对于早产儿来说也确实具有舒缓作用，还有助于促进亲子关系。

你知道吗?

鸟类一生中的大部分时间都在歌唱，它们对音乐非常敏感，鲸鱼也是如此。

动物会
沟通交流吗？

通过身体、声音或气味，每个物种都有自己的交流法则。因此，动物世界里充满了不同的交流方式。

通过声音交流

几年前，科学家们还不敢说动物也是有语言的。如今，所有的发现都证明，动物的的确确掌握了各种不同形式的语言。

出生之前

鳄鱼幼崽在孵化出壳之前，会发出吱吱声，通过这种声音，它们可以相互交流，这样做很可能是为了同步孵化的时间。在孵化出生之前，它们还会发出声音让鳄鱼妈妈来帮忙，帮助自己从壳中孵化出来：如果没有鳄鱼妈妈的帮助，鳄鱼幼崽就不能全都成功地从卵中出来。鸟类的卵在孵化之前也会这样相互交流！如果幼鸟听到成年的鸟儿发出的危险信号，它们可能会延迟孵化。

在孵化出壳之前，小鳄鱼们会相互交流

出生时的唧唧声

老鼠会用两种不同类型的声音相互交流：一种是人耳可以听到的声音，另一种是人耳听不到的超声波。在人耳可以听到的声音中，有尖叫声、啾啾声，甚至是动物因害怕或疼痛而发出的嘶叫声。而超声波会在不同的情景中产生：老鼠的幼崽都会发出"唧唧声"，这是为了与自己的母亲交流。

蝉不是靠摩擦翅膀发出声音的，它们是用像钹一样的空腔来发声的

为了吸引异性而歌唱

蟋蟀那"唧唧吱、唧唧吱"的声音悠扬地飘荡在法国南部地区的夜里，而在其他地区，蟋蟀主要是在白天唱歌。只有雄性蟋蟀通过摩擦翅膀（或鞘翅）来发出声音。它们每一侧的翅膀上都有一排小锯齿（像锉刀一样），用来摩擦另一边的硬棘（像刀一样）。它们发出的鸣叫声可以吸引雌性蟋蟀，还能排斥其他雄性同类。鸣叫声分为三种类型：呼叫类型，目的是将雌性蟋蟀吸引到自己的洞穴中；求偶类型，会在交配之前鸣唱；攻击类型，其目的是恐吓另一只雄性蟋蟀。

让心灵颤动

雄性鳄鱼会发出低频率的振动来向雌性鳄鱼献殷勤，背部抖动时溅起的水花能够引起异性的注意。

蝉的歌声

在昆虫中，雄性蝉是声音最大的。它们不是靠摩擦翅膀来发出声音的，在它们的腹部有两个铙钹（"乐器"），用于产生和放大声音，因此才产生了著名的"蝉的歌声"。这些铙钹隐藏在小襟翼下，阻尼器会根据发出的声音大小来决定让多少空气通过。只有雄性蝉才会唱歌，以便吸引雌性。雌性蝉通常都是安静的！每种蝉都有自己特有的歌声。

真不可思议

随着冬天的临近，座头鲸就会开始一段漫长的旅程：它们要迁徙到可以繁殖下一代的水域。一旦进入热带水域，雄性座头鲸就会发出动物王国中最悦耳的歌声。它们会用长达数小时的"呜唉、呜唉"的呻吟声来取悦雌性。这些声音可以传播到数百英里外。

你知道吗？

在繁殖的季节，雄性老鼠会发出真正的歌声来吸引雌鼠的青睐。有时候，啮齿类动物也会使用超声波来向同类发出危险信号。

有口音

在动物世界中，鸟类是有声语言的大师。鸣禽发出的歌声还给那些伟大的诗人带来了许多灵感，并且继续令我们惊叹。鸟类的发声器官非常精妙复杂：这个发声器官叫鸣管。鸟儿年幼时，会练习发声（有点像人类的婴儿牙牙学语），开始模仿同类的声音，同时调整声音，直到它获得一种会一直保持到成年的歌声！

跟人类一样，鸟类也有口音。

城市口音，乡下口音

同一种类的鸟儿不一定有相同的歌声。鸟类歌声的音调会因地点和栖息地而不同：就像人类一样，鸟类也有口音！例如，生活在城市中的鸟类与生活在乡村中的鸟类的歌声是不同的，城市里的鸟叫声的音调较高。此外，不同的口音也能让雌性鸟儿更好地识别与之共享相同栖息地的雄性鸟儿，也能分辨来自更远地区的雄性鸟儿。

闭着嘴唱歌

为了让"心上人"的心灵震撼，或者为了让"情敌"知道它们在这里，从而起到警示作用，雄性蟾蜍和青蛙在夜幕降时就会开始狂热地歌唱。沼泽蛙会让位于头部两侧的声囊鼓起来，这样可以放大自己发出来的声音。它还会闭上嘴和鼻孔，深吸一口气，让空气在喉管和声囊之间循环，这样它就可以闭着嘴唱歌了！

雄性山雀通过唱歌
来吸引雌性

● 传递情绪

根据具体情况，动物发出的声音可以表现出它们的情绪，好让其他同类能解读出它们的情绪。哺乳动物和许多其他物种（尤其是鸟类）能够感知和感受他人的情绪，这可能会让它们发出忧愁、痛苦或恐惧的叫声。当体验到强烈情绪时，动物会发出高亢尖锐的叫声！在这方面，猪是最明显的例子：在感到压力、恐惧或痛苦时，它们的叫声常常让人不寒而栗。

> 动物发出的声音表明了它们的情绪状态。

通过唱歌
来表现身强力壮

歌声有多个功能：可以标记领地、吸引伴侣、警告危险……在繁殖期间，雄鸟越是能唱出精妙的曲调，就越有机会与雌鸟交配。歌声持续的时间也是吸引异性时的一项优势：歌声持续的时间越长，表示雄鸟的身体越健康。因此，这些鸟类的歌声是表现身强力壮的一种方式！一般来说，它们在黎明时开始唱歌：这使得声音更容易传播开来，而且这时恰逢雌性的生育高峰期。

幼鸟还在蛋里时，就能听到父母的歌声了

你知道吗？

幼鸟在出生之前就能听到父母发出的声音了。

为了互相识别，起个"名字"吧

鲸类动物（鲸鱼、海豚）是陆生哺乳动物的后代。所以它们与鱼类没有太大的关系。它们保留了生活在陆地的祖先的喉管（呼吸系统的一部分，位于喉咙）和声带。唱歌的时候，鲸鱼跟人类一样是用喉咙的，而海豚会借助一种革命性的装置来发出口哨声：猴唇！这是两个连接到鼻子的小唇状的结构。在空气通过时，它们发生振动：这让海豚能发出特有的嘶嘶声和咔嗒声。海豚还能发出非常不同的声音来进行交流。

声音签名

某些口哨声可以让鲸类动物相互识别：这是一种"声音签名"，某种程度上来讲，这算是它们自我介绍时使用的"名字"。一些研究人员甚至认为海豚会使用声音组合来组成"句子"，甚至还启动了一项利用人工智能来尝试破译海豚声音的研究计划！

无论是年幼的还是成年的企鹅都可以通过叫声认出对方

海豚通过口哨声和咔嗒声来相互交流

识别叫声

当幼鸟的父母连续不断地重复发出叫声之后，幼鸟就能够识别出父母的声音了。例如，大型王企鹅的幼崽就是这种情况，它们能通过叫声认出父母，它们的父母也只能通过叫声认出孩子。识别叫声这项技能至关重要，因为随着幼鸟的成长，它们所在的"托儿所"中还会加入其他幼鸟，而每对父母都必须认出自己的孩子才能去喂养它们。如果认不出来，幼鸟可能就会死去。

就像人类能通过声音相互识别一样，狼也能够通过听嚎叫声来区分自己的同类。每只狼都有自己独有的音色和音调。

真不可思议

对海狮而言，基于声音标准的母子识别通常需要几天到几周的时间，种类不同，具体所需的时间也不同。小海狮的叫声不仅给我们提供了有关识别幼崽身份的线索，还能让我们知道它们的饥饿程度：如果不是很饿，小海狮只会叫几声；如果肚子饿得厉害，小海狮就会发出强烈的叫声！狼群发出嚎叫也并不是为了表达悲伤的情绪，而是为了远距离的相互交流。例如，通过嚎叫能让狼群知道这次狩猎是有收获的，或者提醒周围的其他狼群不要僭越领地！

你知道吗？

鹦鹉是有"名字"的！命名方式就是鸟类自己独有的声音。它们还能够通过"名字"来称呼种群中的其他鹦鹉。圭亚那小鹦鹉甚至会给自己的孩子起"名字"，因此鹦鹉幼崽就要通过听父母的声音来学习自己的"名字"。

拥有词汇

从很小的时候开始，黑猩猩宝宝就能通过发出叫声来表达快乐、恐惧或想法，这使得黑猩猩宝宝可以在各种情况下向母亲发出请求。成年之后，黑猩猩会发出不同的声音，每种声音都由它们自己赋予定义——它们还拥有口语词汇。

嗯，好吃

倭黑猩猩也会根据环境的变化而发出不同的声音。例如，它们能发出一种声音告知同类自己找到了美味的食物，这种声音可以表达："嗯，真好吃！"而它们也能用其他类型的声音来表达某种食物不太好吃。

大多数由动物发出的声音都是有意义的。

坎氏长尾猴的语言

每当发现不同的捕食者，坎氏长尾猴都会发出不同的声音：发现豹子时发出"咔咳"的声音，发现鹰时发出"嚯咳"的声音，如果它们打算传达其他的信息元素，还可以组合出其他的声音，甚至能创造出各种"句子"。

坎氏长尾猴能通过组合声音来进行交流

听懂另一个物种的语言

只有当海豚听到它们的天敌发出"狩猎号召"时，例如当海豚听到虎鲸发出某种声音，它们才会做出逃跑的反应。由此可知，它们仅通过听另一个物种的声音就能理解其意图。

白斑鹿的叫声

当掠食者靠近时，白斑鹿会发出独特的叫声来提醒长尾叶猴，而长尾叶猴就会四处寻找掩护之地。作为报答，长尾叶猴们会从树上摘下白斑鹿够不着的水果给它们吃。这种情况就是物种之间的互助行为。

冒充他人

布谷鸟是一种投机取巧的鸟儿，它们不会费力自己筑巢，而是将卵产在另一个物种的巢穴中。所以，寄人篱下的布谷鸟幼鸟就会由养父母喂养长大。布谷鸟幼鸟一看到养父母，就张开喉咙接受养育。渐渐地，它就长大了，直到长到比养父母还要高大为止。布谷鸟幼鸟还会模仿养父母家的兄弟姐妹的叫声，甚至会将兄弟姐妹推出巢穴。当只剩它一只鸟，布谷鸟幼鸟会发出急促的叫声，让人产生听觉错觉，误以为整个鸟窝的鸟都在哭着要食物。此时，养父母自然是十万火急！这种现象被称为育雏寄生。

快逃命吧

猫鼬也有口语词汇。当它们遇到不同的正在靠近（无论是从空中还是从地面）的捕食者时，根据受威胁的严重程度不同，它们会发出不同的警报。它们还能够发出呼喊声来向同类求助，当情况达到灾难级别时，它们还会发出另一种叫声，意思是"快逃命吧"。它们发出的声音都是有意义的，而年纪尚轻的猫鼬也都在成长过程中逐渐完善这种习得的技能。

真不可思议

当蝙蝠试图追踪猎物时，它们会发出超声波。有些夜里出没的蚕蛾是蝙蝠的食物，这些蚕蛾能检测到特殊的超声波，一旦听到这些声音，它们就会赶快离开！这些昆虫发育出了不寻常的耳朵，它们的耳朵也被称作"鼓膜器官"，常常能拯救它们的生命。

你知道吗?

猿类不仅可以交流当下发生的事情，还能够"讨论"过去发生的事情。

与身体沟通

通过皮肤交流

墨鱼和章鱼的皮肤
可以改变颜色、纹路和质地。
除了有非凡的伪装能力之外，
这些仿佛拥有地外生物皮肤的
软体动物还可以通过皮肤进行交流。它
们是色彩的魔术师，能发出具有多种含义
的视觉信号，例如问候、威胁、愤怒、恐惧以及许多其
他情绪。更令人惊讶的是，它们的皮肤在休息时也会变色，可以展示这些
生物的想法或情绪，即便它们并没有直接与同伴交流。

用羽毛来展示自己

有一种动物，因其异常美
丽的羽毛而令人惊叹，它就是
孔雀！孔雀尾部的羽毛像一面扇
子，雄性孔雀通过展开这面扇子来取
悦雌性。孔雀尾巴上有数百根长达1.5米的
羽毛，它们有类似镜子的功能，可以干扰
光线的反射，因此产生炫目的效果，这
种效果还随着身体产生的振动而增强。
雄性孔雀开屏还能让雌性孔雀知道
它的身体是否健康！

像气球一样膨胀

在交配季节，雄性军舰鸟让空气进入脖子周围的红色薄膜中，使其充气，这样它们看起来就像巨大的气球一样！我们把这个气球称为"喉囊"。充气之后，雄性军舰鸟会将头向后仰，摆动它的"囊"来取悦雌性。

雄性军舰鸟鼓起喉囊

威慑对手

准备战斗时，狼蛛将前爪举向天空，让对手清楚地看到它露出的爪子。面对危险时，眼镜蛇会将身体的前三分之一或四分之一抬离地面，处于防御位置。然后它会左右或前后摇动。在吹笛者面前，眼镜蛇不是在跳舞：它是要与笛子保持安全距离！

像舞者一样摇摆

极乐鸟，是一种源自新几内亚的鸟类，会跳一种异常优美的舞蹈，就像探戈一样！它身披一件华丽的黑色斗篷，配以能反射出彩虹色的蓝色领圈（那是它胸前的羽毛）。黑色的斗篷上还有两个蓝色的斑点，整体看起来，它就像一个"笑脸"的样子，雌性的鸟儿对此怎么会无动于衷呢？

真不可思议

冠海豹能让一种薄膜膨胀，看起来就像有一个大红气球从鼻孔里冒了出来，仿佛在鼻子里吹泡泡糖。这样做是为了吸引雌性冠海豹，并威慑其他雄性。

你知道吗？

当恋爱的季节如约而至，疯狂的蓝脚鲣鸟就会开始编排舞蹈，舞蹈重点突出它们那对绿松石蓝的蹼脚。脚上的蓝色越鲜丽，就证明雄性蓝脚鲣鸟的身体越健康。

人类经常使用肢体语言来指示物体，也会在说话时用肢体语言来配合。猿类在热情交流时也会使用肢体语言！黑猩猩会用60多种不同的手势和姿势。而这些肢体语言都是有意义的：它们盯着自己的同类，是为了得到回应，并在必要时重复自己的肢体语言，直到得到回应。有时候，黑猩猩幼崽会拉着另一个同类的胳膊，邀请它一起玩耍；有时候，母猩猩会伸出双臂，告诉幼崽快爬到自己的背上来。

鬼脸和面部表情

通常，猴子能将特定的面部表情与肢体语言联系起来。黑猩猩的每一个鬼脸都有含义。红毛猩猩和大猩猩也会通过手势和面部表情来练习肢体语言。

各种各样的面部表情

人类在自我表达时经常会使用自己的面部。挑眉、微笑、做鬼脸，这些都是表达精神状态的方式。人类的面部表情来自面部肌肉的收缩。某种特定的情绪会触发某块肌肉运动。而动物也有面部表情！猫是一种表现力非常强的动物：耳朵的位置、瞳孔的放大、嘴巴的张开都是在通过面部表情向我们传递情绪状态的信息。

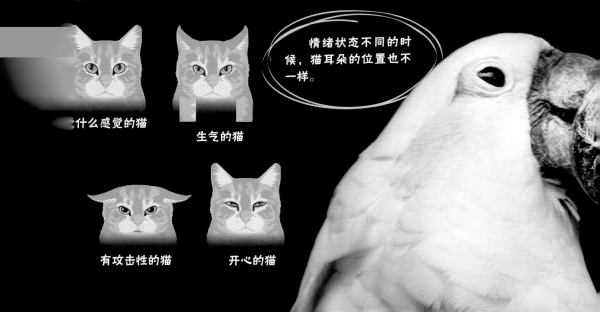

情绪状态不同的时候，猫耳朵的位置也不一样。

没什么感觉的猫

生气的猫

有攻击性的猫

开心的猫

相互触摸，从而建立关系

　　成双成对的鸟儿会表现出大量的亲密行为，例如：两只鸟相互紧靠或沉浸在相互梳洗的情境中。就像鸟类的父母喂孩子一样，有些鸟类情侣也会用喙互啄，但不是转移食物。这种行为维系了鸟类父母之间的依恋纽带！

除虱子活动很减压

　　在黑猩猩的世界里，相互除虱子（从同类的身体上去除寄生虫）是社交生活的核心。这项活动对于维持种群中的社会关系尤为重要。通过抑制压力荷尔蒙，同时降低相互帮忙除虱子的黑猩猩的心率，这种除虱子的行为就能减轻猩猩社群里的紧张感。触觉对于黑猩猩母亲和它的幼崽是非常重要的，在幼崽发育的前五年中，它们都要保持身体上的接触。因此，雌性黑猩猩属于"承载物种"。而如果过早地与母亲分离，黑猩猩幼崽将变得不善于社交，以后也将很少或根本不参与集体的除虱子活动。

真不可思议

　　与其他的灵长类动物一样，人类也喜欢身体接触，并利用触觉与其他个体建立社会联系。拥抱、爱抚、亲吻和握手都是基于触觉的行为。

你知道吗？

　　为了自我表达，人类婴儿会与黑猩猩幼崽（也有极少数例外）使用相同的肢体语言，这也提醒了我们人类与黑猩猩的亲属渊源。

通过气味沟通

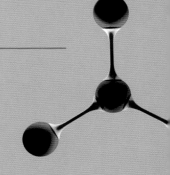

身份证

蜜蜂借助自己身上的气味来相互交流，这些气味是由它们腹部一个叫纳萨诺夫氏腺的腺体散发出来的。多亏有这个腺体，同一个蜂巢的蜜蜂居民才能认出彼此，这是蜜蜂真正的身份证！蜜蜂也会用这些气味去引导其他蜜蜂，帮助它们定位刚找到的食物。蜜蜂的舌头可以舔舐，因此在获取了女王蜂发出的信息素之后，就要将这些信息素传递给其他蜜蜂，从而确保蜂群的凝聚力。

气味可用来识别彼此。

沿着这条路走

蚂蚁会产生大量的信息素。当我们看到蚂蚁忙忙碌碌时，我们总惊讶于它们居然有能力辨别方向，好像在沿着一条熟稔的路行走。事实上，当蚂蚁在支撑物上行走时，它们会分泌出微量的信息素，这些信息素有充当路线标记的作用，可以引导其他蚂蚁找到食物源！如果在这条有气味的道路上喷水，就会极大地干扰蚂蚁，之后它们就很难再找到原来那条路了。

气味的世界

狗是狼的后代，生活在同一个气味的世界里。气味能让狗知道同类的身份（它是我认识的狗吗？），同类的年龄、性别（雄性或雌性）、生理状态（它是发情的雌性吗？）。人类很难想象这种嗅觉交流的丰富性，因为人类基本上生活在视觉世界中。

真不可思议

大熊猫找到了一种独特的排尿技术。它们靠前腿站立着，低着头，尽可能靠近一棵树，然后小便，这样做还可以让气味适当地散发出去，并阻止作为竞争对手的雄性熊猫靠近。

标记领地

哺乳动物标记领地的原因通常是因为它们自身需要，也就是说，这个区域是它们的家，别人最好不要闯入这个区域。在许多动物身上，我们都能观察到这种标记领地的行为：它们是"延迟"的信息，因为感知信息的动物在发送信息的个体离开后很长一段时间，都会分析这些信息。

各种各样的方法

老虎用自己的粪便和尿液来标记领地，但它们也会抓挠树木和各种别的载体，以便在那里留下它们的气味。老虎还会用脸部和颈部去摩擦环境中各个组成部分，好留下自己的信息素。猫也是通过尿液、抓挠和不时用头去摩擦各种物体来标记自己"领地"的（现在我们倾向于称之为"栖息范围"，因为它们会与同类共享这个地盘）。

你知道吗？

兔子也会在标记领地这件事上下功夫，它们会在一些战略位置排出小便和小堆的粪便。它们还会分泌出信息素，这些信息素是由位于下巴、肛门两侧以及生殖器附近的腺体产生的。

气味传递亲子关系

在丽鱼科的鱼类之中，父母可以通过独特的气味认出自己的孩子。只要气味存在，它们就会表现出典型的父母行为（例如它们通过扇动水流来确保它们的卵有充足的水溶氧）。

潜在的致命气味

从出生的第一天开始，兔子幼崽就要快速学会识别自家巢穴（由兔子母亲的毛和其他不同材料建成）的气味，以及母亲的气味。如果出于疏忽，雌性兔子发现无法识别面前这只兔子幼崽的气味，就有可能攻击它，甚至杀死它。

气味同化

当哺乳动物的幼崽出生时，大多数雌性哺乳动物会长时间地舔舐幼崽。它们要教会幼崽怎么识别母亲的气味，并用自己的气味去同化幼崽的气味。小羊能够在出生后很快学会识别母亲的气味，同样，如果小羊身上没有应有的幼崽气味，母羊将拒绝喂养它们。

催情的气味

早在1959年，人们就在蚕蛾身上发现，雌性散发的气味对雄性具有立竿见影的吸引力。从化学的角度来看，蚕蛾醇是第一个被识别出的信息素。这种信息素散发的信号可在数百米外被检测到，而且会立即触发动物的行为变化。

一些蚕蛾的触角上覆盖着感受器，有超过60000个嗅觉检测器

在发情期最旺盛的时候，雄性草原象的颞颥高处会分泌一种类似柏油的物质：发情激素。同时它的睾丸激素（生殖荷尔蒙）水平急剧增加。雌性对这些分泌物很敏感，这些分泌物能让雌性大象知道雄性大象的年龄和成熟度。

追逐赛

当雌性金鱼在生殖孔（来自其卵巢）那里释放出信息素时，雄性金鱼会被雌性的吸引力所征服。雄性立即追逐雌性，要与它交配。如果雄性金鱼失去了嗅觉，就不会再表现出这种追求行为：嗅觉在繁殖中起着至关重要的作用。

真不可思议

当雄性小鼠产生一种叫作ESP1的信息素时，雌性小鼠就会被雄性小鼠迷住。这触发了雌性小鼠大脑中的一种小分子物质亲吻素的产生，它让欲望更强烈：小鼠们就可以接受交配！

你知道吗？

哺乳动物以及某些爬行动物、鱼类和鸟类，它们与母亲的亲子关系都是通过气味传递的！

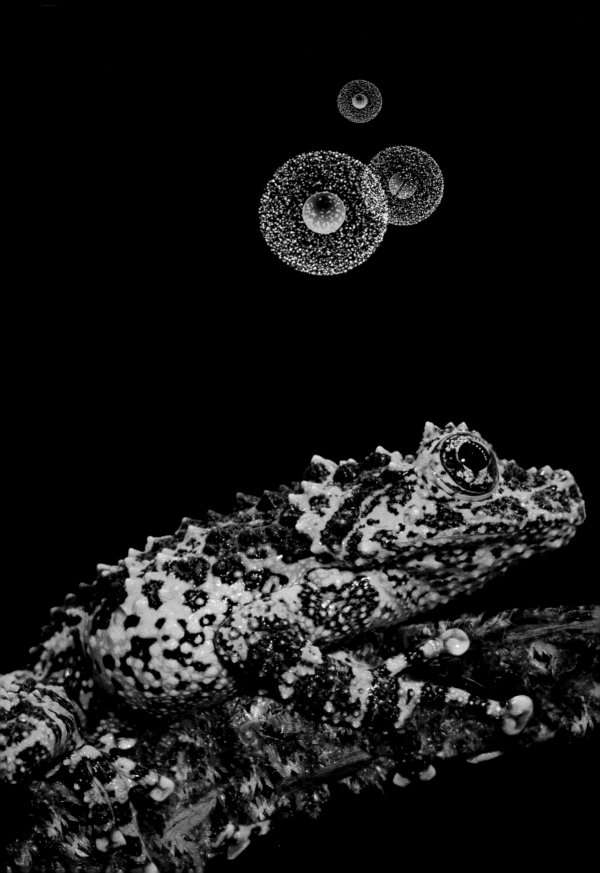

动物的
超能力

在空间和时间中辨别方向、模仿另一个物种、伪装自己从而融入背景、彻底变形或在极端条件下生存……动物的能力永远吸引着科学家们去探索！

动物自带的
指南针

　　为了躲避严峻的气候条件，许多动物都要根据季节变化迁徙，或者通常来说，许多动物都需要在空间中辨识方向。但它们又没有GPS（全球定位系统），在这种情况下，它们如何导航呢？

● 借助太阳来判别方向

　　一旦找到了食物来源，蜜蜂就会使用"太阳罗盘"来记录食物的位置：它们会利用太阳在天空中的位置。回到蜂巢后，觅过食的蜜蜂就要告知其他蜜蜂食物在哪里，它们就会……跳舞！

摇摆舞

　　通过摇动翅膀，蜜蜂画出数字8来指示前进的方向。跳这种"8字舞"的方向可以不同，具体选择哪个方向跳舞，就要看食物到底在哪里了。太阳—蜂巢轴（用红色箭头表示）和8字舞轴（用蓝色波浪线表示）之间形成的夹角，指示了要往哪个方向走。如果食物与太阳、蜂巢①③在同一条线上，则夹角为零：蜜蜂就会在垂直的轴线上跳对称的舞。如果食物偏离太阳—蜂巢轴②，它们跳舞的轴线也会发生类似的偏移②。

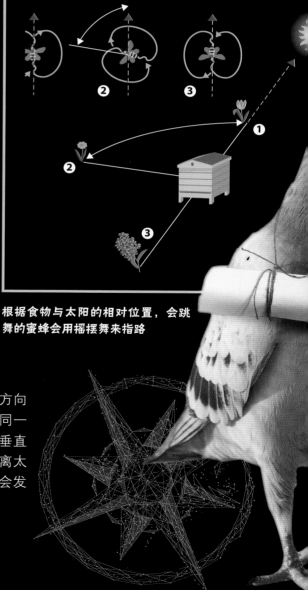

根据食物与太阳的相对位置，会跳舞的蜜蜂会用摇摆舞来指路

借助星星来判别方向

蜣螂具有在夜间辨识方向的能力。科学家们在一个装满沙子的盒子里放了几只蜣螂。这些蜣螂有的看到的天空满是星星，有的看到的天空布满了云朵，还有一部分盖着遮阳板，看不见天空。只有那些能看到星星的蜣螂能笔直地把粪便推向盒子的边缘，而其他蜣螂则犹豫不决，走出的路各不相同。科学家们又做了一次这个实验，这次将蜣螂放在天文馆的天幕下。实验表明，这些小小的蜣螂可以根据银河系（组成我们这个星系的天空中的恒星带）中的恒星来辨识方向！

借助磁场来判别方向

在我们脚下3000千米的地方，是地核，里面都是熔岩，可以自转，能产生磁场。磁场可以保护地球免受太阳风的影响，并且像磁铁一样工作。

鸽子的方向感

鸽子以其非凡的辨别方向的能力而闻名。鸽子白天利用太阳辨识方向，夜间利用星星来定位。但它们的能力并不止于此。研究人员给了第一组鸽子一根普通的金属条，给了第二组鸽子磁铁条。第二组的鸽子就很难辨识方向了。这说明磁铁干扰了它们的定位能力：鸽子会利用地球的磁场去飞行。

机器蜜蜂

研究人员成功地制造出了一种能像蜜蜂一样跳舞的机器蜜蜂。如果遵循蜜蜂跳舞的规则，这个机器蜜蜂也应该能够吸引要觅食的蜜蜂，并引导它们准确找到食物源。但是，这个实验证明，只有当机器蜜蜂像真正的蜜蜂一样，在跳舞的同时发出振动，才能有效引导其他蜜蜂。除了舞蹈外，为了传达食物的位置，还需要给它们配上合适的"音乐"！

真不可思议

海豹是如何在夜间捕猎，还不会迷失在浩瀚的海洋中的呢？为了解开这个谜团，科学家们将海豹放入一个位于天文馆中心的游泳池中。通过改变天空的方向，研究人员了解到，海豹会利用北极星（天空中最亮的那颗星星）在空间中辨识方向。

你知道吗?

如果太阳被遮住，蜜蜂会利用天上光线的偏振来辨识方向。这就要归功于它们的第三只眼：一只长在头顶上的单眼。

动物自带时钟

生物体会根据白天或黑夜不断地去适应环境中的变化。它们怎么做到的呢？这就要归功于所有动物体内都有的生物钟了！

●两个截然不同的循环

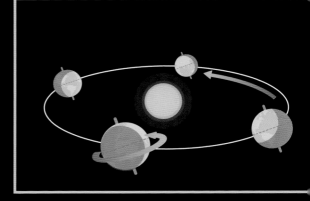

昼夜循环是因为地球在24小时内要自转一圈。根据地球相对太阳的朝向位置，地球上的一部分将被太阳照亮，而另一部分则处在黑暗中。由于地球自转轴相对于太阳是倾斜的，导致了温度差和降雨频率差异，这就形成了季节循环。倾斜着的地球自转轴可以解释，为什么在一年中的不同时间里，太阳能量在地球表面的分布不同。

●昼夜节律

大多数动物的进食和移动节奏都基于24小时制：这被称为昼夜节律。根据一天中时间的变化，动物的身体机能也会变化。例如，在白天活跃的哺乳动物（例如人类），某些荷尔蒙（由特殊细胞产生的物质）会在早晨醒来时释放；而在夜间更活跃的动物（例如老鼠），到了晚上才会释放荷尔蒙。

刺猬在冬天冬眠的
时候会蜷缩起来，
从而节约热量

冬眠

除了生物钟，动物也会根据季节的不同来调整规律。有些动物在冬天能让自己的身体机能变慢：这就是冬眠。冬眠让它们通过节约能量度过寒冷的季节。冬眠动物（包括土拨鼠、睡鼠、刺猬、松鼠，还有一些蝙蝠、青蛙和某些鱼类）可以通过在地下或洞穴中睡觉来降低心率和体温。大多数情况下，它们会蜷缩成球状，这样可以防止热量的流失。

猫的时间准度

大多数动物都能够非常精确地计算时间的流逝。例如，猫可以分辨5秒和20秒的时间长度！如果物种不同，很可能时间流逝的方式也大不一样。动物体型越大、行动越慢，它的时间就会过得越快；动物体型越小、动作越快，时间就会过得越慢。例如，老鼠看到的时间流逝的速度就比人类看到的更慢。

真不可思议

冬天，熊并不是在冬眠！不可否认，它睡觉的时间很长，但它也经常醒来。我们称之为冬休。在这期间，雌熊甚至可能生下幼崽。熊的重要器官的温度下降得很少，这让它能对最轻微的危险做出反应。

熊的冬休不应该与小型哺乳动物在冬季进入昏睡状态的冬眠混为一谈

这可能就是未来宇航员冬眠的样子

你知道吗？

冬眠给了科幻作家灵感，在他们的想象中，如果要将人类送往遥远的星球，可以让他们处于这种延长睡眠的状态，这样就可以节省食物和氧气，能让人类更好地实现超远距离旅行！

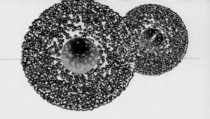

拟态

有些动物物种设法在身体和行为上与另一个物种相似，这就是拟态。

什么是拟态？

拟态现象通常涉及三方：作为模板的动物、模仿模板动物的动物，以及被骗的动物。被骗的动物通常是捕食者，它感知到模板动物和模仿动物是一样的。因此，这两种动物就能免受捕食者攻击，这两种动物的其中一种，其实是没有毒的物种。通常在这种情况下，没有毒的物种会模仿有毒物种的物理外观（纹路、颜色、形状），从而躲避捕食者，因为捕食者已经知道了哪些是有毒物种，它们也想避开有毒物种。有时候，这种拟态行为也可以被用来模仿自己的猎物，以便可以接近猎物。那么这时候，被骗的动物就是猎物了！

拟蚁蜘蛛

有些蜘蛛看起来很像蚂蚁。它们是拟蚁物种。这种策略使它们能够逃避某些捕食者。然而，模仿蚂蚁的蜘蛛和作为模板的蚂蚁之间仍然存在差异：蜘蛛的前腿数量比蚂蚁的多。不过也没关系：蜘蛛可以翘起自己的前腿来充当蚂蚁的触角！

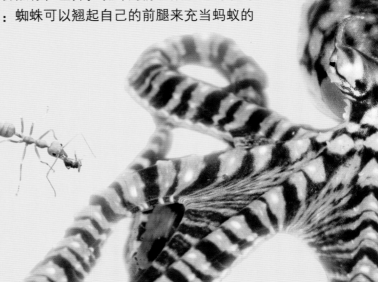

拟蚁跳蛛（左）
模仿红蚂蚁（右）

拟态章鱼的力量

拟态章鱼能够模仿超过15种不同物种的外观和动作，包括螃蟹、水母、贝壳、鳐鱼或蓑鲉。它可以通过扭曲身体和触手、改变颜色来完成拟态行为。有时候它会模仿有毒的物种来逃避捕食者，有时候它还会模仿自己的猎物以便能诱捕它们。因此，它能根据情景的不同调整自己的形变，这真是伟大的智慧。

谁惹它，谁倒霉

食蚜蝇不是害虫，它们以花蜜为食。为了躲避一些捕食者，它们像黄蜂一样长有可怕的黑色和黄色的条纹。

黄蜂

食蚜蝇

真不可思议

当热带天蛾还是毛毛虫的时候，它们面对捕食者时会将头缩回来，并让身体的前部鼓起来，直到出现两个眼睛形状的黑色斑点。这一套操作让它们看起来像极了具有威慑力的蛇头。

热带天蛾的毛毛虫形态

蛇

你知道吗？

有时，有毒的物种会模仿危险系数较低的物种，以免吓跑猎物。

伪装

伪装是指融入周围环境的背景之中，以便能抓住猎物或避开捕食者。

竹节虫

竹节虫是类似于小树枝、树叶或地衣的小昆虫，它们非常擅长伪装！它们不仅会根据所处的环境改变颜色，还会根据近处的植物调整动作。如果在树枝上，它们会保持不动或慢慢地移动，像是在模仿被风吹着动；如果在树叶上，竹节虫的身体会与树叶保持相同的移动速度。

长得像树枝的竹节虫

竹节虫的伪装策略已有超过1.02亿年的历史了，所以它们得以穿越历史一直存在。

章鱼

在它们黏糊糊的外表背后，章鱼仿佛"机器"一样可以自动融入环境背景中。科学家们设计了一个令人难以置信的实验：在一个透明盒子的保护下，把一只章鱼放进它的天敌所在的水箱中。水箱的地面上先是铺了沙子和鹅卵石，又铺了纹路越来越复杂的织物。我们将动物的某些细胞称为色素细胞，在保持与所在地面完全相同的密度的前提下，这些细胞会膨胀或收缩来显示体内所包含的色素。魔幻的一幕发生了：章鱼竟然完全消失在织物的背景中，从而避免了捕食者的攻击！

北极狐的白使它能够与皑的环境背一体

110

变色龙

　　与我们已知的看法相反，变色龙其实不会根据它所处的支撑物的不同而改变颜色！它的皮肤（通常是绿色调的）已经有了一种可以让它不被注意的颜色。变色龙因此能够伪装自己，而不需要借助颜色的变化。但是它仍然可以根据自己的情绪或体温的变化来调节皮肤的颜色，变成粉红色、蓝色、绿色、紫色或五颜六色！在富含色素的细胞层之下，变色龙有第二层细胞层，这个细胞层中有微小的晶体，当它们排列的方式不同，变色龙的颜色就会发生变化。

北极狐

　　许多动物都有与其所在的景色融为一体的皮毛颜色，例如老虎，它们身上的条纹让它们难以与植被区分开，而北极狐的皮毛会在冬天变成白色，从而与雪景融为一体。

这只蟹蛛已经变成了花朵的颜色，它在等待猎物

蟹蛛

　　蟹蛛常常待在花朵的顶端，耐心地等待着授粉的昆虫经过，蟹蛛会通过给猎物注入有毒物而将其杀死。蟹蛛能变成带点粉、带点黄的白色，与所依附的花朵颜色融为一体，这样才能更好地捕杀猎物！

真不可思议

　　生活在马达加斯加岛上的撒旦叶尾壁虎可谓是伪装艺术大师。它弯曲的身体可以改变颜色和纹路，使它看起来就像一片树叶。这可是逃避捕食者的好方法！

你知道吗？

　　一些科学家认为，斑马身上的黑白条纹可以通过干扰他人视力的方式，来保护其免受吸血昆虫的攻击。

变态发育

变态发育是生物学中最迷人的现象之一！与众所周知的看法不同，其实所有的昆虫都会变态。

蝴蝶的蜕变

蝴蝶的变态发育现象是最著名的，它们会产下小小的卵。一旦毛毛虫从卵中出来，它们就会花大量的时间吃东西。它们用短腿在地面或植物上移动。经过一段时间之后，它们就要准备迈出生命中的一大步了：变态发育。它们将变成一只成虫，也就是蝴蝶。

蛹

夜蛾的毛毛虫会编织出一个丝茧，而蝴蝶的毛毛虫则会用自己的丝线将茧固定在树枝或树叶上。之后，毛毛虫会变成蛹。它们在蛹中会经历真正的巨变！分泌出的激素将改变毛毛虫的器官。大脑和眼睛变大，下颌骨缩小，触角变长，长出躯干：毛毛虫就变成了茧虫。当外部条件（阳光、湿度）有利时，蝴蝶就会破茧而出。

破茧而出

在破茧而出的过程中，蝴蝶从茧中出来，并准备飞行。它们首先让头部和腿出来，湿漉漉的新翅膀也会随即出来。之后，它们还需要几个小时的休息时间，也是训练伸展翅膀的时间。一旦翅膀干了，它们就会庄严地展开翅膀，起飞去探索一个崭新的世界，这一次是飞在空中探索哦！

蜜蜂的变态

女王蜂在蜂巢的蜂房中产卵。卵受精后，会变成工蜂或女王蜂。卵如果没有受精，就会变成雄性，称为雄蜂（faux-bourdon），要与熊蜂（bourdon）这个种类区分开。

从卵到幼虫

产卵3天之后，卵外面的薄膜会溶解，幼虫就诞生了。这种蠕虫状的幼虫只有一个消化道，所以大部分时间幼虫都在进食，这还要感谢蜂巢里专门负责饲喂的蜜蜂，它们会将食物留在蜂房里。幼虫的体重会呈指数级增长！

从幼虫到蜜蜂

在9天的幼虫期之后，工蜂会用蜡做成盖子密封住蜂房。变态发育的过程就要开始了。幼虫开始长出触角、巨大的眼睛和嘴巴。然后，腿、翅膀和上颚开始发育。在变态发育结束时，变成蜜蜂的幼虫会用它的上颚刺穿蜂房的盖子，从此，它的新生活就开始了。

从蛆变成苍蝇

苍蝇也有变态发育的过程！它们会在食物、排泄物或尸体上产卵。几天以后，这些被称为蛆的幼虫就会从卵中出来。蛆以卵所在地的有机物为食。幼虫时期大概5到20天，此后，它们会变成若虫，并继续变态发育过程，直到变成一只苍蝇。

真不可思议

大力士甲虫是世界上最大的犀牛甲虫：成年时，雄性大力士甲虫的体长可达18厘米，而且长了很大的角。它们的幼虫以根、植物和木材为食，并且可以在变态前存活数年。但是，对比蝴蝶从丝茧中破茧而出，这种巨大的昆虫的若虫用它的分泌物包裹全身！

像蝴蝶一样，大力士甲虫也会变态发育

你知道吗？

在昆虫中，蝴蝶并不是唯一会变态发育的！许多物种在自己的生命周期中都会经历这种形变过程，例如蚂蚁、蜜蜂、苍蝇或甲虫。

在极端条件下生活

为了不从地球上消失，各种物种都必须不断地适应自然环境。因此，为了可以在最恶劣的环境中生存，有些动物表现出了精妙的创造力。

⬤ 忍耐缺水

当我们猜某种能够忍耐缺水的动物时，我们会立即想到单峰骆驼。它的确有能力两周不喝水，因为它在消化道和血液系统中储存了100多升水。此外，它还有办法节约用水，例如：排出糊状的尿液、排出干燥的粪便以及借助鼻孔回收呼出的60%的水蒸气。它有重达150多千克的巨大驼峰，但驼峰可不是用来蓄水的！它的作用是储备脂肪，在有需要时使用。

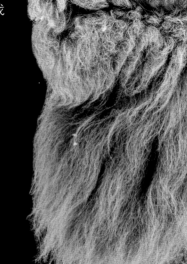

聪明的瞪羚

为了适应缺水的环境，并且尽可能多地保存宝贵的液体，大羚羊和非洲瞪羚几乎就不排尿、不出汗了。它们能在摄取的植物中找到大部分所需的水。

这些瞪羚几乎不小便，也不出汗，这样可以保存水分

熬过寒冷

为了在冬天活下去，一些冷血动物会使用防冻系统来冻结自己的身体。它们的血液循环会停止，心脏会停止泵血，肺也会停止呼吸！某些阿拉斯加林蛙的表现尤其突出，为了活下去，它们能够在零下20℃左右的温度下冷冻两个月。这些林蛙会在春天醒来。在进入冬眠之前，林蛙会储存大量的葡萄糖（一种为细胞提供能量的糖），这样做可以防止器官因寒冷而受损。

帝企鹅的战略

有一种温血动物也能够在南极洲低至零下50℃的极端温度下生存，它们就是帝企鹅。帝企鹅的身体是经过优化的：它们的翅膀或尾巴紧贴着身体，从而避免了热量的散失。最重要的是，它们的皮肤下有一层厚厚的脂肪，上面覆盖着四层羽毛，可以保护自己免受寒冷侵袭。

帝企鹅以一种特殊的方式进行血液循环：它们的脚上有血液"散热器"，能将温度保持在0℃以上。所以，它们不会冻僵。

起风时，帝企鹅们会运用另一种万无一失的战略：它们会一个挨着一个围成一个固定的圈子，这样一来，处在圈子外面的企鹅会更容易暴露在冰冻的温度下，但它们会定期让内部的企鹅跟外面的企鹅换班。

南美角蛙结茧

在不得不面对酷热和缺水时，南美角蛙会结出一种潮湿的茧，将自己掩埋在地下。它将一直保持这种状态，直到环境不那么恶劣为止。当大雨落下时，它就会破茧而出，浮到水面上。

真不可思议

荆棘蜥蜴，也被称为长角的恶魔，是一种生活在澳大利亚的小型爬行动物，它们全身长满了荆棘。由于它们专门以蚂蚁为食，下颚的形状很特殊，怎么喝水就成了大问题。因此，它们的皮肤上布满了细小的皱纹，就像一根根细小的麦管，能吸走每一滴水。这种有趣的动物从地面收集水，皮肤作为中介，水经过皮肤升到嘴里。从某种程度上来说，它是在用脚喝水！

你知道吗？

沙漠袋鼠也是一种很少喝水的动物，它们是一种小型啮齿动物，在不喝水的情况下，最多可以活5年。这期间，它们仅依靠食物中所含的水分生存。

对放射性不太敏感

物质（水、土、动物、植物）是由被称为原子的微小粒子组成的。有些原子是不会改变的，所以我们认为它们的性质是稳定的。还有不稳定的原子，它们有过剩的能量：过剩的能量可以促使原子转变，成为新的原子。在转变的过程中，它们以辐射的形式排出多余的能量，而这些辐射是我们看不见的：这就是放射性。

什么是裂变？

人类建造了核电站，核电站可以发电。为了实现核能发电的目标，人们会让铀235的原子核爆炸，这个原子核就会分离成两个较小的原子核。在裂变的过程中，巨大的热量会被释放出来，热量与水接触，被转化为蒸汽。随后，蒸汽会带动涡轮机，涡轮机又会驱动交流发电机来发电。

致命的事故

然而，核事故也会偶尔发生。对于所有的生命来说，核事故的后果都是灾难性的。放射性会让基因发生变化（也称为基因突变），也可能会导致致命疾病（如癌症）的发生。人类对这些放射波是非常敏感的，通常来说，所有的脊椎动物对放射性都很敏感。

再生能力

在面对核事故时，一些独特的物种更有机会幸存下来，尤其是昆虫和某些蜘蛛类动物。其中，蝎子对放射性的抵抗力是人类的近30倍。这可以用它们的再生能力来解释：蝎子可以修复它们基因中的某些损伤！

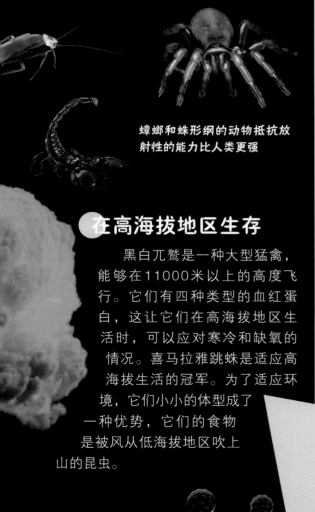

蟑螂和蛛形纲的动物抵抗放射性的能力比人类更强

在高海拔地区生存

黑白兀鹫是一种大型猛禽，能够在11000米以上的高度飞行。它们有四种类型的血红蛋白，这让它们在高海拔地区生活时，可以应对寒冷和缺氧的情况。喜马拉雅跳蛛是适应高海拔生活的冠军。为了适应环境，它们小小的体型成了一种优势，它们的食物是被风从低海拔地区吹上山的昆虫。

抗击疫情

对黑蚂蚁进行的一项研究表明，它们可以识别生病的个体，从而限制与生病个体之间的互动。这样可以防止流行病的传播。

真不可思议

缓步动物以其难以置信的忍受极端条件的能力吸引着科学家们的关注。它们的别名是"水熊虫"，只有大约1毫米，它们能够忍受极端温度，能够不吃食物、不喝水，还能忍受缺氧环境。面对各种困难条件，它们求助于隐生状态：将体内的水分排空，并大幅降低新陈代谢活动，几乎处于死亡状态。但一旦给它们补水，它们就能苏醒过来！

你知道吗？

即便跟着卫星并被送入真空的空间，大多数缓步动物仍然能生存下来！

动物有自己的药材

在自然界中，许多动物都能够运用植物来治病。我们将这种现象称为动物药物知识（zoopharmacognosie），组成它的词语来自于希腊语：zoo（动物）、pharma（药物）和 gnosis（知识）。

可以遗传的知识

通过摄取粗糙的树叶或咀嚼某种树皮，黑猩猩能够清洁肠道并排出寄生虫。但是它们怎么知道必须摄取这样或那样的植物来治病呢？研究人员通过观察发现，这种知识至少有一部分会以文化的形式在动物中遗传和学习。科学家们还注意到，在吃掉这些植物的叶子之后或之前，这些灵长类动物会吃一些土壤，这有利于提高植物的药效。

黑猩猩选择某些植物作为抵抗寄生虫的药物或者用来帮助消化

摆脱虱子

有超过一百种鸟类会让蚂蚁覆盖在自己的羽毛上。蚂蚁会产生甲酸，甲酸这种化合物对虱子来说是有害的，所以这个方法可以帮助鸟类去除虱子！

蝾螈的能力

蝾螈是一种小型两栖动物，它们不会使用植物药物来进行治疗，但是，它们身体的不同部位都有再生能力。如果它们失去了身体的一部分，就会像魔法一样长回来！这种令人难以置信的能力与幼态有关：蝾螈的外观一直保持幼态，没有变态发育——变态发育就类似于蝌蚪会变成青蛙。因此，它保留了胚胎长出新器官的可能性，这也引起了科学家们的兴趣，让他们在人类医学中看到了更多应用可能。

非洲象的医学

在分娩之前，非洲象会选择某些树的叶子来启动分娩过程。肯尼亚的妇女也使用类似的疗法，将叶子泡成茶来催产。

金刚鹦鹉的自我治疗

金刚鹦鹉通过吃黏土来帮助消化，并防止肠道感染。

天然驱虫剂

各种不同的昆虫，如蜜蜂和蚂蚁，会在巢穴中使用针叶树的树脂来保护自己免受某些类型的细菌和真菌的侵害。帝王蝶为了保护其后代免受寄生虫的侵害，会将卵产在植物上来摆脱寄生虫。

真不可思议

一些原住民，例如亚马孙森林里的印第安人，几千年来一直在利用大自然的资源医治自己。他们会使用一种可怕的昆虫，即行军蚁，这种蚂蚁长着非常强大的下颚，可以缝合人类的伤口！他们会让这些蚂蚁靠近开放性的伤口：行军蚁闭合下颌，起到了缝合线的作用。然后原住民再砍掉蚂蚁身体的其余部分。治疗就是这样进行的。

你知道吗？

如今，在动物身上发现的使用天然药物的方法启发着科学家，这让他们在人类医学和兽医学领域获得了一些突破性的进展。

119

动物制造光

许多生物都能够发光：细菌、真菌、磷虾（一些微小的甲壳类动物，鲸鱼以它们为食）、水母、红虫……我们将这种现象称为光生作用。

萤火虫和发光虫的芭蕾

在动物中，萤火虫和发光虫以其美妙的、能照亮黑暗的空中芭蕾而闻名。萤火虫的光亮是不连续的（就像眨眼一样），而且雄性和雌性都能产生这种光亮。而发光虫，只有雄性在飞行的过程中会发出连续的光来吸引留在地面上的雌性。这两个物种产生光的原理都是相同的，通过一种叫作荧光素的蛋白质和一种叫作荧光素酶的酶来产生化学反应，从而保证光的产生。所以，我们说这些动物是生物发光的。

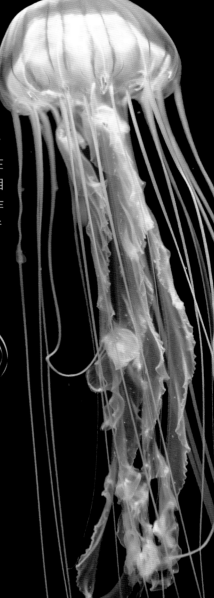

生物发光是指生物产生和发出的光。

萤火虫的光亮能让它们与同类相互交流

深海鮟鱇鱼的光

更让人吃惊的是，深海鮟鱇鱼会用发光器官来吸引猎物。这种体型难看的鱼有凸起的皮肤作为伪装，还有一张巨大的嘴巴和锋利透明的牙齿，能让猎物几乎看不见它的牙齿。

它的头上立着一根末端有光的"钓鱼竿"，可以将猎物吸引到嘴里，然后吞下去。

枪乌贼的发光体

一些枪乌贼利用身体表面的发光体来发光，照亮海洋。这些行为的全部功能尚不清楚，但已知发光功能涉及求偶和交流。而且，当这些枪乌贼只有触手的尖端发光时，它们还能诱捕的猎物。

发光的共生关系

某些深海鱼所使用的发光诱饵是一个小口袋，里面"培养"了来自其肠道菌群的生物发光细菌。这是共生关系（两种生物体之间产生的有益联系）的一个很好的例子！

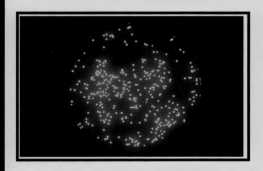

真不可思议

银斧鱼这种鱼能利用生物发光来扰乱捕食者！因此，捕食者很难分辨出隐藏在这些发光的几何形状后面的居然是一条鱼。

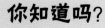

你知道吗？

活在深水中的某些虾类和头足类动物还能够排出发光的云状物，来掩护自己逃跑。

人与动物：

他们的奇妙冒险

人与动物有着相同的起源。除了基因以外，人类和动物的历史还在一场精彩的冒险中交织在了一起。

人类，跟其他动物一样，也是动物？

● 自以为高人一等……

我们倾向于认为人类与动物是不同的，因为人类似乎才是进化的最终目标。但与这种常规想法相反，进化是没有阶级之分的：人类是一种动物，是多次杂交后诞生的猿类，并不位于进化树的顶端。早在人类之前，地球上就栖息着许多动物物种，它们各自独立存在，并留下了包括我们人类在内的多种后代！

● 物种的进化或转化

一些错误的观念如今仍然存在：人类和其他物种是突然出现的（这是创造论），并且不会随着时间的推移而改变（这是固定论）。到了今天，整个科学界都反对这些观点。根据支撑性的证据，研究人员证明，自然界中生命的形式具有多样性，因此只能用进化论来解释：每个生物物种都在好几个世代的时间里逐渐发生着变化，无论是基因（我们的DNA）还是形态（身体的外观）都在变化。

我们的祖先跟我们长得很像，但仍然有所不同。

人类不是生物学上的例外

人类之所以有了现在的样子，是遵循着进化的规律不断变化而来的。化石骨骼和DNA分析证明我们是人科动物（用腿而不是四肢行走的灵长类动物，具有很强的社交和学习能力）的后裔。南方古猿也属于人科动物。

在智人出现之前

在人科动物的后代之中，我们这个物种，即智人，几万年前是与其他人类物种共同生存在地球上的。因此，在40000年前，有不同的人类物种与我们的祖先一起生活，包括尼安德特人、丹尼索瓦人和弗洛勒斯人。这三种人类物种，虽然与我们不同，但也是人类。在与我们的智人祖先相遇后，这些人类物种都消失了……但也存在这样一种可能性，那就是我们的祖先与他们一起繁育后代。

未来的人类

一些科学家认为，几千年以后，人类将比今天更高，手臂和手指也更长，这样无需移动就可以拿到更远的物体，并且几乎没有毛发。未来人类的眼睛会比现在更大，从而能够精细地捕捉屏幕上的细节以及虚拟世界的细节。由于不怎么活动，加上饮食的变化，未来人类的身体会更胖。

真不可思议

未来人类将能够延缓器官的衰竭，或者能够提高自身某些器官的性能，这主要通过更换人造器官（即仿生学器官）来实现，制造这种器官的材料能够与人体兼容。

你知道吗？

现在，我们体内还携带着一些尼安德特人和丹尼索瓦人的基因。

125

以前的理论

生物在好几个世代的时间里发生转化，这个想法并不新鲜。早在古代时期，希腊人和罗马人就已经有了这种直觉。在中世纪时期，哲学家贾希兹（Al-Jahiz）就在《动物之书》中提到有机体可以转化为新物种的想法。在19世纪初，让−巴蒂斯特·拉马克（Jean-Baptiste de Lamarck）提出了一个观点，即物种通过转化而诞生新物种：这就是生物进化学说。

自然选择

1859年，博物学家查尔斯·达尔文（Charles Darwin）在《物种起源》一书中提出了进化论：物种通过自然选择的方式进化，导致新物种的出现。换句话说，在每一代中，最适应环境的个体比其他个体有更多的生存机会，这使得选择出来的个体适应性都是最好的。

进化论之父：达尔文

大量的进化论证据

化石

化石表明过去的动物与现在的动物不相同。通过估计化石的年份，科学家们能够了解这些骨骼是如何从一个共同的祖先进化而来的，或者哪些物种存在过而最终却灭绝了。

发现的化石表明，在人类出现之前，数以千计的其他物种早已存在，包括恐龙。

恐龙

恐龙是一群数百万年前生活在地球上的脊椎动物，它们的出现远早于人类。而在6600万年前，它们几乎全部消失了，因为当时有一颗小行星撞击了地球。如果没有这个事件，人类可能永远也不会出现。恐龙的消失虽然很有戏剧性，却让小型的哺乳动物更多样化、更繁荣地生长，因而产生了许多新物种，包括我们人类这个物种。

相似的胚胎

对胚胎的研究提供了关于进化的另一个证据：所有脊椎动物，在它们存在之初，看起来都是很相似的。

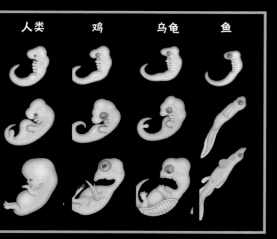

人类	鸡	乌龟	鱼

因此，我们在人类的胚胎中发现了各样的鳃（这是鱼的呼吸器官），在所有其他的脊椎动物胚胎里也发现了鳃，此后鳃就转变成了鼓膜和耳朵。人类胚胎中的长长的尾巴在发育的过程中消失了，但人类仍保留它的遗迹：尾骨。

鸵鸟的翅膀

有时候，在进化过程中，身体的某些部分会被保留下来，即使它们不再对动物有用：这些部分是动物携带着祖先器官或四肢的遗迹。例如，鸵鸟的翅膀不再能帮助它们飞起来：但这对翅膀是曾经能够遨游天空的祖先给它们的遗产。

真不可思议

鲸鱼的祖先是有腿的陆生动物，我们在它的身体后部发现了小骨头：是它的陆生祖先曾经拥有腿部的遗迹。渐渐地，鲸鱼越来越多地开始在水中生活：它们的前腿就变成了鳍，后腿则变得毫无用处，因为它们的尾巴能提供推进的动力。

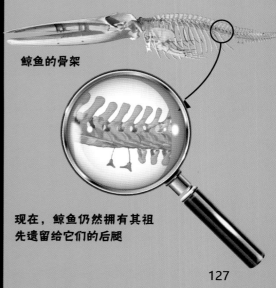

鲸鱼的骨架

现在，鲸鱼仍然拥有其祖先遗留给它们的后腿

127

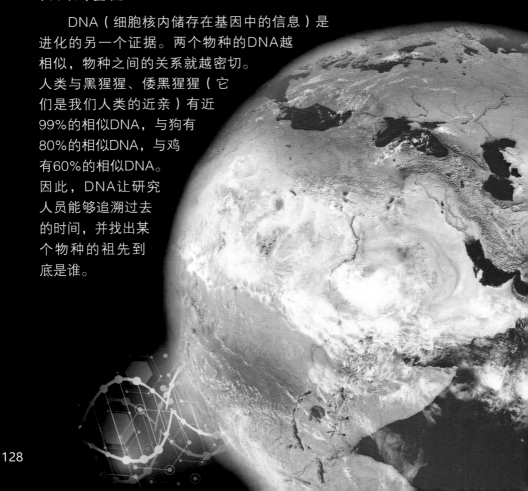

每种动物有自己的进化方向

关于进化还有其他的证据，那就是岛屿或大陆特有物种的发育。2亿年前的大陆并不像今天这样是分开的。当时的大陆全都连接在一起，形成了盘古大陆。这个"超级大陆"随后经历了几个不同的阶段而散开，从而形成了我们今天所知道的大陆。

此后，动物的生活区域就分布在了地球的不同地区，并且都各自独立进化发育。这就解释了为什么我们会在一些岛屿上发现无法在其他地方发现的物种（特有物种）。马达加斯加的狐猴或澳大利亚的有袋动物都是这种进化方式最好的证明，即在岛屿上不同方式发生的进化（这是岛屿进化）。

共同的基因

DNA（细胞核内储存在基因中的信息）是进化的另一个证据。两个物种的DNA越相似，物种之间的关系就越密切。人类与黑猩猩、倭黑猩猩（它们是我们人类的近亲）有近99%的相似DNA，与狗有80%的相似DNA，与鸡有60%的相似DNA。因此，DNA让研究人员能够追溯过去的时间，并找出某个物种的祖先到底是谁。

什么是人类？

到底什么是人类呢？如果我们将人类与其他动物进行比较的话，就会发现人类有一个特殊性：在人类进化的某个时刻，他会让自己的思想在想象中遨游，这在人类进化之前是绝无仅有的。这是人类的一个巨大飞跃，因为想象思维有助于团结拥有共同信仰的（创造精神或神的世界）族群，有助于语言的发展和人类社会的形成。人类的知识传递不再像现在的黑猩猩那样，只限在小群体之间传播，而是传播给大量的人群，以便增人类的知识储备！

重新思考我们与动物、生物的关系

通过把思想转化为想象力，人类发展了抽象能力，并且能够创新，同时能将知识传播给尽可能多的人。这使他能够征服世界，并迅速繁殖。但人类更强的能力也让他对其他生物有着更大的责任：相比进化过程中的其他时代，今天，人类更需要重新思考我们与动物以及其他生物之间的关系。

2亿年前，大陆并没有分开

真不可思议

在岛屿上，那种与世隔绝能让古老的物种进化出新物种，这是在全球任何其他地方都无法找到的现象。我们在一个人类物种身上也观察到了这种现象：弗洛勒斯人。在与世隔绝的印度尼西亚的同名岛屿上，弗洛勒斯人变得越来越矮，身高只有1米，体重只有20千克。大脑也缩小了。

来自弗洛勒斯岛的人

你知道吗？

考拉是澳大利亚的特有物种。这表明，在一个与世隔绝的大陆上，物种也能独立进化。

人类与动物的历史

随着时间的推移，人类与动物的历史也发生着很大的变化，这取决于文化和信仰的变化。

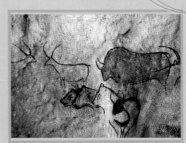

埃及人崇拜很多动物。

动物为神

在史前时代，动物占据着人类生活的中心地位。一些史前学者认为，当时的人类相信有一个精神世界，那里既住着人类也住着动物。我们的祖先非常重视生活在他们周围的以及被他们猎杀的生物，岩洞墙壁上的岩画就证明了这一点，画中绝大多数都是动物。绘画的细腻手法和丰富内容表明，在绘制动物之前，祖先就已经对它们进行了细致的观察。

史前人类将动物置于中心地位

将动物神圣化

在古埃及，人们对动物产生了真正的崇拜。古埃及人崇拜各种神灵，其中大部分神灵都以动物形态或人兽混血的形态存在。阿努比斯神长着豺的头，是葬礼之神、防腐剂的保护者和墓地的主人；托特神长着朱鹭的头，是书写之神和众神的抄写员；索贝克神长着鳄鱼的头，是水神和肥沃之神……

埃及众神都以动物或人兽混血的形式存在

被谴责的本能

在古希腊，人类与动物的关系则完全不同。奥林匹斯山的众神都以人的形态出现，不再有任何动物。在希腊人眼中，埃及人所崇拜的人兽混血是令人反感的。这些人兽混血提醒着我们，人随时都可能切换到动物本能上。此外，一些希腊哲学家认为自然和动物是为人类创造的。

一神论宗教

此后，一神论宗教只赋予人类一个真正的灵魂。在西方，源自《圣经》的主流思想是，人类是上帝的孩子，而大自然完全服从于人类。在《创世记》中，神说："要生养众多，遍满地面，治理这地；也要管理海里的鱼、空中的鸟，和地上各样行动的活物。"教皇弗朗西斯提出了一个新的观点：拒绝人类对其他生物的专制统治。

动物是机器

在文艺复兴时期，尽管科学取得了重大进步，但哲学家勒内·笛卡儿（René Descartes）提出了一个令人惊讶的理论：与天生具有思想和理性的人类不同，动物是一个机械的、预先确定的整体，它们的行为完全是条件反射的结果：这就是"动物是机器"理论。

如今，关于动物行为的科学知识有了很大的进步。我们现在知道，大多数动物会思考、推理、做梦和感受情绪。它们过着自己的生活，既不是机器，也不是为了人类而创造出来的。

为人类服务

在古希腊，动物只不过是一种为人类服务而生的生物。这种思考人类与动物关系的方式，将动物视为我们人类可以利用或使用的对象，这种思想还将在西方文明中持久存在。

在这件来自古希腊的陶器上画着正在战斗的人类，画面上方的是半人半牛的弥诺陶洛斯，画面下方的是半人半马的肯陶洛斯

真不可思议

埃及人会在人们死后对尸体进行防腐处理，也会对身边死去的动物的尸体进行防腐处理。因此，人们发现了数以百万计的动物木乃伊，这说明埃及人希望自己所爱的人和动物能够有来世。

你知道吗？

对于埃及人来说，动物和人类是有关联的：神是动物或是人与动物的混血。

131

驯化动物

人类已经驯化了（或者说，选择一部分动物来驯服，甚至修改它们的基因）一定数量的动物，驯服后的动物有着不同的用途。

世界上所有的犬种，无一例外，都是狼的后裔

狼是狗的祖先

狼，直到今天仍然是令人畏惧的，却是第一种被驯化的动物。至少在3万年前，人类就驯服了狼崽。狼意识到，如果能在人类的家庭中长大，它们就能得到人类的保护，并在狩猎时与人类合作。这是双赢！

非洲野猫

10000年前，由于食物储备丰富，人类居住地的啮齿动物大量繁殖，非洲野猫开始接近人类的居住地。我们的祖先知道这些猫可以消灭老鼠，想利用它们来保护自己的食物储备，因此，对于非洲野猫的出现睁一只眼闭一只眼。后来，这种野猫就被人类驯服了，而且人类还驯化了很多成了孤儿的小猫。与狼不同，狼生出了不同种类的犬类，但是家养的猫却保留了野生的形态和行为，尤其是它自由繁殖的能力（在未绝育时）。

所有种类的家猫都是非洲野猫的后代

马的驯化

　　马被驯化的主要目的是帮助运输和充当食品储藏柜。野马变成家养动物的过程与狗、猫被驯化的过程相似：我们的祖先必须先驯服小马驹，在几代马匹中选出最不怕人的幼崽。马的驯化便利了人类交通和食物运输，从而改变了人类文明，但也导致了马的野生种群的灭绝。我们认为现存唯一的野生马类品种是普氏野马，不过就连这种马也是具有驯化血统的马匹的后代。

普氏野马

从狩猎采集者到农牧民

　　在动物被驯化前，我们的祖先就已经开始了植物的驯化。这两种类型的驯化大大丰富了人类的食物资源，并使得我们的祖先开始了定居生活。

从野生动物到家养动物

　　猫和狗逐渐成了宠物，而其他的动物被驯化后，要么在田间地头帮忙，要么成为餐桌上的美味。野牛、野山羊、盘羊、野猪生出了奶牛、家山羊、绵羊和猪。

家猪是野猪的后代

你知道吗？

　　人类根据自己的需求，选择了狼的幼崽，并让其越来越温顺地合作，比如狗，就成了由狼训化而来的家畜。

我们对动物有什么责任？

我们的观念，更通俗来说是我们的文化，决定了我们对待动物的
方式。

偏见的重量

西方的文明把动物看作饲养在笼子里的、
可以随意屠宰的生物。我们认为自己有权这样
做，因为我们接受的教育向我们传输这样的观
念。然而，并非所有的人类文明都认同这一观
点。纵观历史，动物有时被崇拜，有时被妖魔
化，有时被吃掉，有时被制成木乃伊。同样的
逻辑，虽然这与主流观念相左：并不是所有人都以动
物为食，有的人的饮食已经适应了他所生活的环境，
以及他的信仰和道德。

在印度，奶牛是神圣的，被视
为"万物的母亲"，因为它把
牛奶给每个人，即便人并不是
它的幼崽

我们有什么责任？

如果回顾一下智人的历史和当前的影响，
我们智人这个物种对地球造成的破坏无疑是最
大的。自人类社会诞生以来，人类就对环境产
生了相当大的影响。

在因为人类而消失的物种
中，渡渡鸟可以被提名为最
具代表性的物种之
一，这是一种来自
毛里求斯岛的鸟

人类的指数级繁殖以及消费的模式导致了废物积累、污染和大量野生动物种群的灭绝。动物不再能够生存下去，因为它们的被剥夺了栖息地，被屠杀食用，有时候甚至被当作战利品拿来展出。

重新与生命关联

西方人总是表现得仿佛自己生活在自然界之外。但是，如果没有其他生物，人类就没有生存下去的机会。我们依赖自然和动物。渐渐地，我们开始意识到自己的责任，因为我们知道，如果我们什么都不做，就会自食其果。

保护和尊重

科学为我们揭示有关动物智慧和情感的新发现，这些发现正在改变我们对动物的看法。作为导致数百种物种灭绝的主导物种，人类应当负起责任：保护濒危物种，尊重动物和自然。

完善法律

人类创造了正义，以便向自己这个物种的成员们展示公平。现在，既然我们知道所有哺乳动物、鸟类以及许多其他的物种都有情感和智慧，我们也必须制定新的法律来权衡其他生物的利益，我们必须重新学习如何与它们共享地球！

按照信念行事

每个人都应该关注最新的科学发现，都应该按照自己的信念行事。重要的是不再对动物的生活条件以及针对动物的杀戮视而不见，因为消费者有能力改变系统，比如选择去消费环境友好型、动物友好型的产品。

真不可思议

在法国，法律正在逐渐完善。今后，《民法典》将会把动物也视为"感性的生物"，而不再像几年前那样被视为"有形动产"。但是，要想禁止所有残忍对待动物的行为，我们还有很长的路要走。

你知道吗？

在西方，许多思想家出于道德因素考虑而提倡素食主义，认为杀死动物是不可接受的，包括：毕达哥拉斯（Pythagore）、莱昂纳多·达·芬奇（Leonard De Vinci）、蒙田（Montaigne）、卢梭（Rousseau）、伏尔泰（Voltaire）、维克多·雨果（Victor Hugo），还有阿尔伯特·爱因斯坦（Albert Einstein）……

词汇表

图书在版编目（ＣＩＰ）数据

拉鲁斯动物智慧百科 / （法）杰西卡·塞拉著 ； 汪
睿智译. -- 石家庄 ： 河北科学技术出版社，2024.2
ISBN 978-7-5717-1908-1

Ⅰ. ①拉… Ⅱ. ①杰… ②汪… Ⅲ. ①动物－青少年
读物 Ⅳ. ①Q95-49

中国国家版本馆CIP数据核字(2024)第039455号

著作权合同登记号 图字：03-2023-217

LE GRAND LIVRE DE L'INTELLIGENCE ANIMALE
© Larousse 2021

拉鲁斯动物智慧百科
LALUSI DONGWU ZHIHUI BAIKE

[法] 杰西卡·塞拉 / 著　　汪睿智 / 译

责任编辑：李　虎
责任校对：徐艳硕
美术编辑：张　帆
封面设计：青空工作室 Design QQ:2505945961
出版发行：河北科学技术出版社
地　　址：石家庄市友谊北大街 330 号（邮政编码：050061）
印　　刷：北京天工印刷有限公司
经　　销：新华书店
开　　本：720mm×1000mm　1/16
印　　张：9
字　　数：90 千字
版　　次：2024 年 2 月第 1 版
印　　次：2024 年 2 月第 1 次印刷
书　　号：ISBN 978-7-5717-1908-1
定　　价：78.00 元